歴史文化ライブラリー

485

特攻隊の〈故郷〉

霞ヶ浦・筑波山・北浦・鹿島灘

伊藤純郎

吉川弘文館

目 次

特攻隊の原風景――プロローグ

知覧と鹿屋

鹿児島県南九州市知覧(ちらん)町。重要伝統的建造物群保存地区に指定され、知覧武家屋敷でも有名なこの町に、知覧特攻平和会館がある。ロビー正面には「知覧鎮魂の賦」と題する壁画が掲げられている。炎につつまれた特攻機から六人の「飛天」(天女)が特攻隊員の魂を救い出し昇天させる様を描いた壁画である。三人が両手を垂らした特攻隊員を抱き寄せ、一人が焼けただれそうな身体に水をかけ、二人が微笑を浮かべながらその様子を見守っている。この信楽焼(しがらきやき)陶板壁画が象徴するように、同館は、この地に置かれた知覧飛行場から飛び立ち「散華(さんげ)」した陸軍特別攻撃隊員の遺書・日記・手紙・写真・遺品などの関係資料を展示する記念館である。

一方、鹿児島県鹿屋(かのや)市西原。かつて鹿屋海軍航空隊が置かれ、現在は海上自衛隊鹿屋航空基地があるこの地には、鹿屋航空基地史料館がある。同館二階の海軍航空の歴史を伝える展示室には、「海軍精神」「海軍航空の発展」「海軍航空兵力の興亡」「特攻作戦」の四つのコーナーがあり、海軍神風(しんぷう)特別攻撃隊員の遺書・手紙・写真などの関係資料が展示されている。

知覧と鹿屋が象徴するように、沖縄戦を支援する本土最南端の地で、沖縄戦に続く本土決戦の最前線基地であった鹿児島県には、「特攻銀座」と呼ばれるほど、さまざまな特攻隊の出撃基地が置かれた。

敷島隊と万朶隊

特攻隊。とりわけ航空特攻隊というと、鹿児島県域の特攻基地をはじめとする九州各地の特攻基地が思い出される。確かに九州各地の特攻基地から、爆弾もろとも敵艦船などに体当たりする特攻隊が、沖縄方面に向け数多く飛び立った。

しかし、それは、組織的で大規模な特攻作戦が常態化した時期、言い換えれば、「玉砕(ぎょくさい)」と同様、日本軍の非人間的な体質が遺憾なく発揮された時期における風景である。

自発的な体当たりではなく、組織的な体当たり攻撃である特攻が最初に行われたのは、一九四四年（昭和一九）一〇月二五日といわれる。一九日、海軍最初の特攻隊となる「神風特別攻撃隊」として、敷島・大和・朝日・山桜の四部隊が編制された。部隊名は本居宣長の和歌「敷島の大和心を人問はば　朝日に匂ふ山桜花」から採ったものである。翌二〇日、この四隊とその後編制された菊水隊の特攻隊員が指名される。この時指名された二五人のうち、指揮官（敷島隊隊長）に選ばれた海軍兵学校出身の関行男を除く二四人全員が、茨城県稲敷郡阿見村（現阿見町）に開隊した土浦海軍航空隊に、四二年四月一日に入隊した海軍飛行予科練習生（予科練生）甲種第一〇期生である。

二五日、関隊長率いる敷島隊五機が四回目の出撃で米護衛空母を撃沈。二八日、海軍は組織的な航空特攻の「初戦果」として敷島隊の「殊勲」を伝えた。海軍最初の特攻隊員は、筑波山を仰ぎ、霞ヶ浦で航空機搭乗員としての基礎教育を受けた土浦海軍航空隊予科練出身の二〇歳にも満たない少年たちであったのだ。

一方、陸軍最初の特攻隊は、筑波山や霞ヶ浦に近い、鉾田教導飛行師団で編制された。鉾田教導飛行師団は、浜松陸軍飛行学校の分校として鹿島郡新宮村・上島村・白鳥村（現鉾田市）に設置され、一九四〇年一二月一日に開校した鉾田陸軍飛行学校が、本土防衛のため四四年六月に編制替えしたものである。

海軍の航空特攻隊が初出撃した一〇月二一日、陸軍初の特攻隊となる「万朶隊」が編制された。体当たり攻撃用に改造された九九式双発軽爆撃機（皇紀二五九九年・一九三九年に初飛行）の機首には、起爆装置である三メートルほどの細い管が三本付けられ、敵艦に触れると爆弾が炸裂する構造になっていた。搭載した八〇〇キロにも及ぶ爆弾は、体当たりする前には投下できないようになっていたという。

「桜花」

こうして始まった陸海軍の航空特攻において、最も有名な特攻専用機が海軍の「桜花」である。「桜花」は頭部に爆弾を搭載した一人乗りの高速滑空機で、母機である一式陸上攻撃機（皇紀二六〇一年に制式採用。制式採用とは軍の規格として兵器などを採用すること）が胴体に吊り下げ、目標付近で切り離し、ロケット燃料で飛行して目標に体当たりした。生還することができない、いや初めから生還なぞは考えられていない特攻専用機のため、車輪はない。まさに「人間爆弾」であった。

この桜花を装備する第七二一航空隊が最初に置かれた航空隊が、筑波山や霞ヶ浦に近い、東茨城郡白河村・橘村（現小美玉市）で開隊した百里原海軍航空隊である。一〇月一日、陸海軍の航空特攻隊の編制に先立ち、人間爆弾「桜花」、母機となる一式陸上攻撃機、掩護の零式艦上戦闘機（通称「零戦」）などからなる「神雷部隊」が、この百里原海軍航空隊基地で開隊した。「零戦」は、皇紀二六〇〇年に制式採用され、掩護戦闘機として優れた性能をもち、とりわけ航続力と格闘性能の点で卓越していた。日中戦争期から太平洋戦争全期にわたって使用され、陸海軍機では最大となる一万四二五機が製造されたという（『軍用機の誕生』）。

やがて「神雷部隊」は、一一月七日、鉾田教導飛行師団に近く、鹿島灘を望む鹿島郡高松村・息栖村（現鹿嶋市）に開隊した神之池海軍航空隊基地に移転し、本格的な訓練を開始する。そして、危険な訓練を経て、五五人の「桜花隊員」が鹿屋航空基地から飛び立った。

「筑波隊」

出撃した特攻隊には、出撃のたびに隊名が付けられた。

第一神風特別攻撃隊の九隊は、敷島・大和・朝日・山桜の四隊と菊水・若桜・彗星・初桜・葉桜の五隊。これに対し、万朶隊・富嶽隊に続いて編制された一二の分隊からなる陸軍の八紘隊には、八紘・一宇・靖国・護国・鉄心・石腸・丹心・勤皇・一誠・殉義・皇魂・進襲の分隊名が付けられた。だが、こうした隊名から、特攻隊員の名前はもちろん、彼らがどこで訓練を受けたのかはわからない。

しかし、特攻隊のなかで唯一、母隊である航空隊名を冠した特攻隊がある。沖縄戦で

「散華」した神風特別攻撃隊「筑波隊」である。筑波山を仰ぎ見る西茨城郡宍戸町（現笠間市）に設置された筑波海軍航空隊で編制された特攻隊で、隊員は「学徒出陣」により一九四四年二月に土浦海軍航空隊に入隊、飛行兵となった予備学生である。

このように、九州各地の陸海軍特攻基地から数多くの航空機特攻隊が日常的に飛び立つ半年前――航空特攻の上申が続くなか――、遠く関東の霞ヶ浦湖畔で、筑波山を仰ぎ、北浦・鹿島灘を望む地で、後に特攻隊員となる陸海軍の若き飛行兵たちが訓練に明け暮れていた。彼らにとっての「故郷」は、特攻隊として飛び立った九州ではなく、厳しい訓練をした霞ヶ浦や筑波山、北浦や鹿島灘であった。

特攻隊の原風景

アジア・太平洋戦争の終結から七四年。戦争の体験はもとより、戦争の記憶をもつ人びとが少なくなった現在、戦争の歴史を忘れない、再び戦争を起こさないためにも、「必死」の任務を課せられた特攻隊の歴史を問い直すことは意味があろう。

特攻隊は、どのような歴史的状況のなかで生まれたのか。特攻兵器と特攻作戦との採用を誰が決定し、どこが推進し、命令したのか。特攻隊員は、いつどこから出撃し、どこで「散華」したのか。特攻隊員の死は、祖国を守った「崇高な犠牲」か、それとも死ななくてもいい戦争で犠牲となった「無駄死に」だったのか。こうした問題関心に基づく研究書は数多く存在し、そこでは特攻隊をめぐりさまざまな解釈と認識が示されている。また、近年は、「守るべきもののために命を捧げた」という脈絡で特攻隊を捉え、「日本人の誇り」としてを賛美することを目的とした書物も溢れている。

だが、彼らは、最初から特攻隊員だったのではない。特攻隊員になることを、自ら望んだわけでもない。予科練生・飛行予備学生として、筑波山を仰ぐ霞ヶ浦で飛行基礎教育を受けた敷島隊と「筑波隊」。北浦や鹿島灘を望む地で、厳しい飛行訓練に励んだ万朶隊と「桜花隊」。いずれも、空への憧れから飛行兵の道を歩んだ若者である。

若き「荒鷲（あらわし）」が航空特攻隊になる。普通の飛行兵が「必死」隊になる――。

本書は、こうした特攻隊を、彼らが飛行訓練に励み、短い青春を送った「故郷」から素描したものである。「特攻隊の原風景」とは、どのようなものだったのだろうか。

霞ヶ浦のほとりで

予科練生の原風景

霞ヶ浦飛行場

帝都東京から距離が近く、広大な平坦地・平地林も存在し、飛行訓練にも適した筑波山（つくばさん）や霞ヶ浦（かすみがうら）・北浦（きたうら）・鹿島灘（かしまなだ）を有する茨城県域には、数多くの海軍航空隊（基地航空隊）や陸軍飛行学校（飛行場）が設置された（図1）。

そのなかで最初に開隊したのは、横須賀海軍航空隊（一九一六年四月一日）、佐世保海軍航空隊（一九二〇年一二月一日）に次いで全国で三番目に、一九二二年（大正一一）一一月一日付で稲敷郡阿見（あみ）村に開隊し、操縦・偵察・整備の教育を担当した霞ヶ浦海軍航空隊である。

海軍航空機の操縦要員を養成・教育するための飛行場を、阿見原と霞ヶ浦湖岸に造るこ

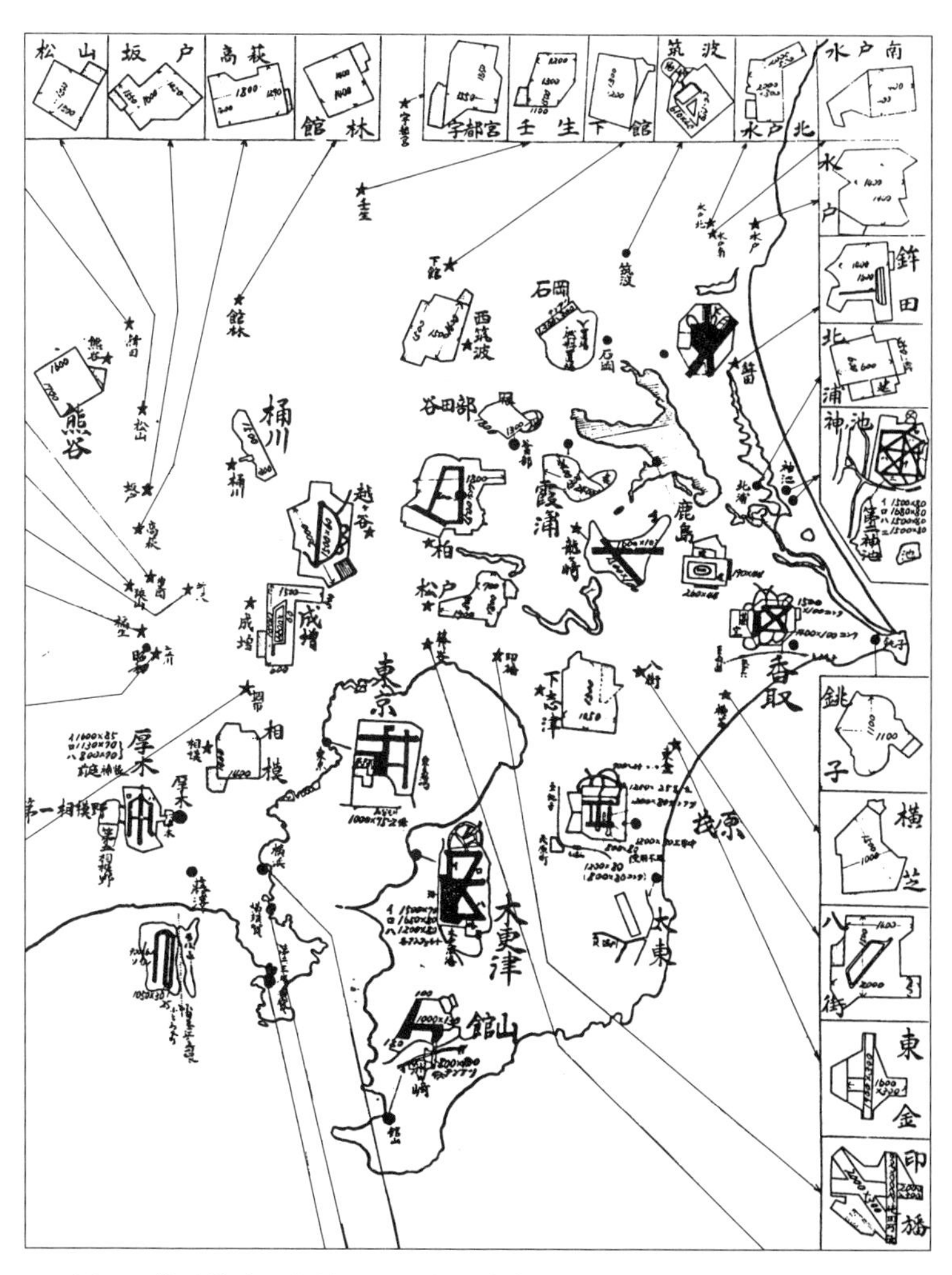

図1　茨城県域に設置された海軍航空隊基地・陸軍飛行学校飛行場
（『試製基地要図第三（関東地方）』，防衛省防衛研究所戦史研究センター所蔵）

とが計画されたのは、大正中期の一九一七年頃といわれる。

海軍は、阿見原の宅地・農地・原野約八〇万坪を陸上機練習用地、霞ヶ浦湖岸の青沼の水田約五万坪を水上機練習用地として、それぞれ一坪約一〇銭三厘で買収、一九二〇年三月、飛行場の建設を開始する。飛行場の建設は、清水・戸田・竹中・大倉土木などの大手の建設会社が請け負う形で行われ、阿見原や青宿(あおやど)には下請け業者の飯場(はんば)が多数建設された。

翌一九二一年五月、海軍臨時航空術講習部が創設され、横須賀海軍航空隊から百数十人の隊員が阿見村に異動した。そして、操縦教育のためにイギリスからセンピル空軍大佐を団長とする航空教官団を招き、九月から一八ヵ月にわたり海軍航空術の講習を行った。講習員のなかには、後に「特攻隊生みの親」といわれる大西瀧次郎(おおにしたきじろう)がいた。霞ヶ浦と特攻隊の結びつきは、すでにこの時に始まっているのである。

七月二二日、霞ヶ浦飛行場が開場する。開場式では、阿見尋常高等小学校児童生徒・阿見村青年会・阿見村在郷軍人(ざいごうぐんじん)分会や有志が連合して旗行列を行い、阿見村近郊の老幼男女五万人が「空の妙技」を見るため、朝から飛行場に詰めかけた。「一年前の狐狸(こり)の棲家」だった阿見原は人で埋まり、「アヴロ陸上練習機三機編隊飛行、特殊飛行、オードリース少佐の落下傘降下」に「一同驚嘆」したという(『霞空十年史』)。

飛行場の建設と並行して、後に霞ヶ浦海軍航空隊本部となる建物や士官用宿舎、中央格納庫の建設も行われた。

翌一九二二年一一月一日、海軍臨時航空術講習部は霞ヶ浦海軍航空隊と改称された。霞ヶ浦海軍航空隊の誕生である。これに先立ち六月一八日、皇太子（昭和天皇）が「臨時海軍航空隊」を行啓、落下傘部隊の水上降下や航空機による機関銃射撃などを視察した。国鉄常磐線土浦駅前には、皇太子を迎えるために、門柱に「土浦町」と書かれた「奉迎アーチ」が建てられた。霞ヶ浦海軍航空隊は、横須賀鎮守府（ちんじゅふ）の指揮・監督を受け、海軍航空機の操縦教育と研究を担当する練習教育隊として、海軍兵学校出身の飛行学生や大学・高等専門学校出身の飛行予備学生に対して、陸上機・水上機の基本操縦・整備に関する教育を開始した。

こうして、「航空隊設立ナカリシ以前」は「我ガ阿見ハ農業ヨリ外ニ業ナク」、「人家ハ阿見原ニアリト雖トモ、豚小屋式ノ家屋、原野ノ間ニ点々存在ス」、「交通不便、道路粗悪」、「誠ニ不便ノ土地」であった阿見村は、霞ヶ浦海軍航空隊の町となる（『阿見町史』）。

土浦の町

阿見村と同様、霞ヶ浦海軍航空隊の玄関口となる土浦（つちうら）の町も、大きく変貌した（図2）。

図２　霞ヶ浦海軍航空隊と土浦町（『海軍航空隊建設記念写真帖』より，土浦市立博物館所蔵）

まず、土浦駅から霞ヶ浦海軍航空隊を経て荒川沖駅に通じるルートに、幅八間（約一五メートル）の舗装道路が建設された。この通称「海軍道路」は茨城県で最初の舗装道路で、一九二三年に架けられ、茨城県初のコンクリート製の橋となった桜川橋は絵葉書にも紹介された。

また、約一二万坪に及ぶ市街地が新たに造成された。新市街地の下田・生田町には海軍住宅が建設され、風紀上の観点から料亭割烹・芸妓置屋・特殊料理店などが栄町（現桜町）に移転させられた。料亭には海軍の士官クラスが多く出入りし、会談の場としても利用された。新市街地の名称は、栄町のほか、敷島町・朝日町・匂町・小桜町と命名された。これらの町名は、本居宣長の「敷島の……」という和歌から選んだものといわれる。海軍最初の特攻隊の名前は、すでに新市街地の町名に採用されていたのである（「土浦の発展と予科練」）。

土浦駅から霞ヶ浦海軍航空隊に至る都市整備が終わると、玄関口となる土浦駅の改築も行われた。新たに建て替えられた土浦駅は、木造二階建てで一階には貴賓室・駅長室・小荷物室・待合室・改札所、階上には電話室と会議室、屋上正面に時計台が設けられた。「軍艦式」と称されるモダンな駅舎となった土浦駅の新築祝賀式は、一九三六年（昭和一

図３　絵葉書「土浦駅」（1936年完成時，土浦市立博物館所蔵）

二）の鉄道記念日に盛大に行われた（図３）。

「世界の霞ヶ浦」

霞ヶ浦飛行場は、霞ヶ浦海軍航空隊の飛行場であると同時に、一九三一年八月、東京府荏原郡羽田町（現大田区）に、わが国初の国営民間航空専用飛行場である東京（羽田）飛行場が開設されるまでの一〇年間、日本の空の玄関でもあった。「大航空時代」の幕開けを迎えていたこの時期、二四年五月二二日に米国陸軍航空隊の「世界一周機」三機が飛来したのを皮切りに、世界各国の著名な飛行家たちが次々と飛来し、当時東洋一とうたわれた霞ヶ浦飛行場は「世界の霞ヶ浦」となる（『土浦市史』）。

人びとは、「世界一周機」が飛来するたび、霞ヶ浦飛行場に押しかけた。とりわけ、世界で初めて太平洋横断に成功したドイツの巨大飛行船「ツェッペリン伯号」（乗客二〇人・乗組員四一人）が一九二九年八月一九日に着陸した時は、ロサンゼルスに飛び立つまでの四日間、飛行船を見るために約三〇万人（八月二四日付『東京日日新聞』では「延人員五十三万人」と報じた）の観衆が飛行場に集まったという。国鉄常磐線上野・土浦間に連日五本の臨時列車が増発され、土浦駅と飛行場を結ぶ道路は人の波でごったがえした。

こうした光景をメディアが見逃すはずがない。出発港のフリードリヒスハーフェン・霞ヶ浦間の通信独占権を獲得した大阪朝日・東京朝日・大阪毎日・東京日日新聞社を中心に、「国境のない空」を飛ぶ「平和の天使」を報じる過熱した報道合戦が演じられ、霞ヶ浦からのラジオ放送・映画上映会・雑誌の特集や便乗広告など、メディア・イベントが展開された。

「ツェッペリン伯号」の乗組員の歓迎会は、土浦町の料亭「霞月楼（かげつろう）」で開催された。その際に振る舞われたジャガイモをいれたカレーは、土浦商工会議所女性会が現代風にアレンジし、「土浦ツェッペリンカレー」として現在も販売している。「ツェッペリン伯号」の記憶は現在も続いているのである。

さらに、一九三一年八月二六日、四年前に大西洋横断飛行を成功させたアメリカ人リン

図４　霞ヶ浦に着水するリンドバーグ機

ドバーグ夫妻がアリューシャン列島に沿って飛来し、水上機で霞ヶ浦に着水した時も、この「空の英雄」を見ようと多くの人びとが水上班に押し掛けた（図4）。

しかし、この後、ドイツのフォン・グロナウ中佐の「世界一周機」が飛来したのを最後に、外国機が霞ヶ浦飛行場に飛来することはなくなった。以後、外国機の窓口は羽田飛行場となる。

代わりに、「世界の霞ヶ浦」には新たな役割が課せられた。一九三四年八月一五日、霞ヶ浦海軍航空隊友部分遣隊が西茨城郡宍戸町に設置された。後の筑波海軍航空隊、神風特別攻撃隊「筑波隊」が編制された航空隊である。このことに象徴されるように、海軍航空戦力増強の中核という役割を担うようになる。

霞ヶ浦飛行場の開場や霞ヶ浦海軍航空隊の開隊は、地元の阿見小学校の教育にも影響を与えた。飛行場の見学者が帰路、小学校を見学する、飛行場や航空隊を視察する貴賓者の歓迎行事に児童生徒が動員される機会が増加したのである。

空へのあこがれ、空のこわさ

一九二二年四月一二日、英国皇太子が来場した時は、尋常科三年生以上の児童生徒が在郷軍人分会・青年会・一般住民約一〇〇〇名とともに旗行列を行った。また、英国世界一周機が飛来した二四年七月七日は、全校児童生徒・職員が海軍道路で日英国旗を振って歓迎した。そして、二九年一一月一九日、陸軍特別大演習統監で茨城県を訪れた昭和天皇が霞ヶ浦航空隊第一士官宿舎に宿泊し、天覧夜間飛行が行われた時は、土浦・阿見から動員された人びととともに、高等科男子生徒が提灯行列に参加した（図5）。

阿見尋常高等小学校『沿革誌』には、このような記載が続く。「世界一周機」や昭和天皇・英国皇太子の歓迎行事など、今までにはなかった光景が子どもたちの眼前に現れ、小学校の行事が航空隊の行事と一体となっていることがうかがえる。

しかし、阿見小学校の児童生徒に最も強い印象を与えた風景は、こうした光景ではなく、たび重なる航空機・飛行船の遭難事故であったと思われる。

図５　筑波山を背景に霞ヶ浦海軍航空隊水上班を視察する昭和天皇（予科練平和記念館提供）

霞ヶ浦飛行場では、一九二二年六月二〇日に起きた落下傘降下訓練事故を皮切りに、墜落事故・衝突事故・不時着などの遭難事故が多発した。なかでも、二四年三月一九日の事故（死者五人）は「我が国初の飛行船空中爆発事故」といわれ、翌年三月一七日の水上偵察機不時着事故（死者五人）には厳重な緘口令が敷かれ、二五年六月二九日の艦上偵察機墜落事故は畑で草取り中の一六歳の少女を巻き込む痛ましいものであった。

霞ヶ浦飛行場開場からこの六月二九日までの四年間、この種の事故による殉職者は二五人にも及んだ。飛行場開場から一九三五年の約一五年間の遭難事故は、墜落六〇機・不時着七機・殉職者四八人・重軽傷者二五人であったから、殉職者が一九二五年までの時期に異常に集中（五二％）していることがわかる（『阿見町史』）。

こうした事態を受け霞ヶ浦海軍航空隊は、一〇月二三日、霞ヶ浦海軍航空隊創設以来の「空の尊き犠牲者」二五人の招魂祭（しょうこんさい）を挙行し、翌一九二六年四月三〇日には、「殉職者英霊」を祀る霞ヶ浦神社を隊正門近くに創建した。霞ヶ浦神社春秋季大祭や海軍記念日は隊員家族の安息日となり、演芸会や仮装行列が行われた。この日は飛行場が地元住民にも開放され、霞ヶ浦神社参拝、隊内施設や旧式の航空機・部品を展示した「参考館」の自由見学が許された。こうしたイベントの一方で「殉職者英霊」の存在は、「空へのあこがれ」よりも「空のこわさ」を痛感させるものであっただろう。

霞ヶ浦海軍航空隊分遣隊

横須賀鎮守府の管轄下にあった練習航空隊は、横須賀海軍航空隊と霞ヶ浦海軍航空隊の二つであった。だが、日中戦争が始まると、搭乗員養成の必要から霞ヶ浦周辺にいくつもの練習航空隊が設置されていく。

まず、霞ヶ浦海軍航空隊水上班が稲敷郡安中（あんじゅう）村大山（現美浦（みほ）村）に移り、水上機操縦を担当する鹿島（かしま）海軍航空隊として独立した。水上班が大山地区に移転した理由は、地区の突端が霞ヶ浦湖水に囲まれるように面しており、二つの方向に滑走台を設ければ二方向に飛び立つことが可能となったこと、霞ヶ浦湖岸のなかで対岸までの距離が最も長く、水上初歩練習機・水上中間練習機の操縦訓練に適していると判断されたことによる。飛行機が飛び立つ場合、風上に向かって飛び立つことが必須で、特にフロートを有する水上機の場合は横風を受けると横転してしまう。このため、常に風の向きを観測することが重要となった。二方向に滑走路があれば、風向きが変わっても飛び立つことができたのである。

施設の建設は一九三六年一月から始まり、翌年に練習基地が完成。ついで、兵舎・格納庫・弾薬庫・飛行場附属施設などが建設された。基地の名称は当初、安中航空隊と呼ばれていたが、三八年五月一一日に霞ヶ浦海軍航空隊安中水上隊、八月三〇日に鹿島海軍航空隊と改称され、一二月一五日、横須賀海軍鎮守府管轄の第一一練習連合教育隊司令部が霞ヶ浦海軍航空隊に置かれると、同日付で正式に開隊した。

また、同じく一二月一五日付で、霞ヶ浦海軍航空隊友部分遣隊が筑波海軍航空隊として独立し、陸上機操縦を担当した。後に「筑波隊」が編制される航空隊である。

さらに、同日付で、陸上機操縦を担当する霞ヶ浦海軍航空隊百里原（ひゃくりはら）分遣隊と霞ヶ浦海軍航空隊谷田部（やたべ）分遣隊（筑波郡谷田部町・小野川村・茎崎村、現つくば市）が新たに設置された。そして、翌一九三九年一二月一日付で、それぞれ百里原海軍航空隊・谷田部海軍航空隊として独立した。こうして霞ヶ浦の周辺に、霞ヶ浦・鹿島・筑波・百里原・谷田部の各海軍練習航空隊が開隊する。

「日本の東亜の霞ヶ浦」

一九三〇年六月から横須賀海軍航空隊で始まっていた予科練教育は、隣接する海軍航空廠の騒音問題や予科練生の増加にともなう施設拡張の必要から、霞ヶ浦海軍航空隊水上班の跡地に三九年三月三一日に新設された飛行予科練習部で行われるようになった。

予科練の霞ヶ浦への移転にともない、霞ヶ浦海軍航空隊の名声はいっそう高まる。一九四〇年八月一三日付『いはらき』新聞は、「郷土の誇り」である霞ヶ浦海軍航空隊を「日本の東亜の霞ヶ浦」と報じた。

今次事変で一躍名声を挙げた「海の荒鷲（あらわし）」揺籃（ようらん）地阿見飛行場は関東の名山筑波を左手に、水郷霞ヶ浦を腹一ぱいに抱へたユートピアである。第一回海洋爆撃隊の殊勲勇士も中南支空爆の荒鷲も重慶（じゅうけい）急襲の名パイロットもみんな霞ヶ浦出身の荒鷲であつた。日満支三国を一体とする高度国防国家の確立を期し、先づ第一陣を承つて制空の権を握るものはわが霞ヶ浦にあらずして何ぞ――ゆるぎなき国礎たる〝霞ヶ浦航空隊〟は我々の行手をヂツ！と指さしてゐる、実に茨城の霞ヶ浦にあらず、日本の東亜の霞ヶ

図６　霞ヶ浦海軍航空隊・土浦海軍航空隊位置図（戦時改描により「荒地」の表記となっている．５万分の１地形図「土浦」昭和19年部分修正をもとに作成）

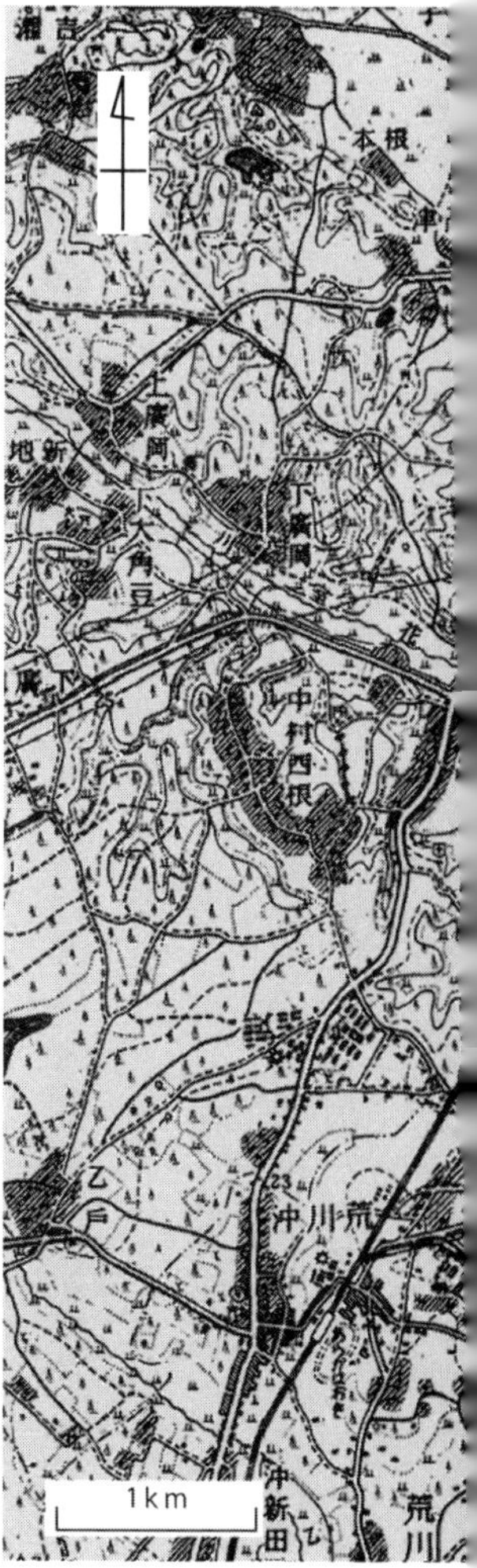

浦であると思はす三度（みた）び郷土の誇りを高唱してしまふ。

やがて、飛行予科練習部は霞ヶ浦海軍航空隊から分離独立し、一一月一五日、海軍初の予科練生教育専門の練習航空隊である土浦海軍航空隊が誕生する（図6）。

「土浦」という名称は、所在地の阿見をはじめいくつかの候補のなかから、霞ヶ浦海軍航空隊の玄関口であり、開隊直前の一一月三日に真鍋町と合併し、茨城県内では水戸市・日立市に次いで三番目、全国では一七四番目に市制を施行した土浦が、全国的によく知られているとして採用されたという。

土浦海軍航空隊

土浦海軍航空隊の開隊にあたり、二つのことが行われた。

一つは、土浦海軍航空隊が設置される水上班跡地の拡張である。霞ヶ浦湖岸の立ノ越（たてのこし）・青宿・廻戸（はさまど）の水田地帯が時価のおおむね二倍の価格で買収され、庁舎・兵舎・講堂などが新築され、練兵場が拡張された。水田地帯の埋め立て工事では、大量の土砂を運搬するために、正門の東西にトロッコの線路を敷設し、土砂を湖岸に運搬した。土地を買収された農家のなかには、予科練生や海軍軍人の下宿屋や面会に来る家族が宿泊する旅館を営むものもあった。

もう一つは、予科練生を迎えるにあたり問題とされた花街（はなまち）の移転である。水上班の門前の新町・青宿は、食堂・料理屋・洗濯屋・小間物屋・風呂屋などが並び「阿見の銀座」と呼ばれていた。新町坂上の豊川稲荷には、花街の隆盛を物語るように現在も赤い鳥居が立ち並んでいる。

こうした花街のなかで、風紀上問題があると見なされた店は、予科練生の教育上好ましくないという航空隊の要請を受け、予科練の移転前に土浦の栄町に集団移転した。

一一月一五日、土浦海軍航空隊の開隊式が行われた。

海の荒鷲の育ての親　海軍航空開隊式　けふ霞ヶ浦湖畔で挙行
わが海の荒鷲育成に全国唯一の霞ヶ浦湖畔土浦海軍航空隊の竣工に伴ふ開隊式は、今（こん）十五日午前十時十五分から海軍大臣代理塩沢横須賀鎮守府長官以下関係者多数参列の

図7　土浦海軍航空隊開隊

> 上挙行され、霞空の少年航空兵によって祝賀飛行が行はれるだけで、催しもの等は一切なく、時局下にふさはしい簡素な開隊式である（一五日付『いはらき』新聞）。

『いはらき』新聞ではこのように報じられている。だが、実際の開隊式は「時局下にふさはしい簡素」なものとはならなかったようだ。阿見村や土浦市民をはじめ、隣接する町村民も参加、「水戸黄門」までも登場して、華やかな催しものが繰り広げられたのである（図7）。

「空都」土浦

この時期の『いはらき』新聞紙面で注目したいことは、この頃から「空都！土浦市の進軍譜」（一一月二四日付）、「空都土浦市の出現」（一二月一一日付）、「空都土浦市の発展」（一九四一年一月八日付）といったように、「空都」という表現が頻出することである。

『いはらき』新聞において「空都」という表現が初めて使用されたのは、一九三七年九月二三日付紙面である。

支那事変以来わが海軍航空隊の空爆はまつたく胸のすく状況で、殊に今回の南京大爆撃は戦史上未曽有の成果を収め、殊に部隊長和田少佐は○○○航空隊教官だけに空都土浦町の歓喜振りは非常なもので一両日中において、更に敵の首都南京の最後的大空爆を待つて全町挙げての大提灯行列を行ふべく、町当局では既に万端の準備を整へてゐる。

紙面の○○○航空隊とは霞ヶ浦航空隊である。南京空爆—霞ヶ浦海軍航空隊—土浦という結びつきのなかで、「空都」という表現が使用されている。

その後、「空都」という表現は、「空都の大豪華　土浦花火大会」というように「日本一」とされる土浦花火大会とともに使用された。

なぜ、「空都」と土浦花火大会が結びつくのか。その理由は、土浦全国花火大会が霞ヶ浦海軍航空隊における殉職者の霊を慰める目的で行われたことによる。

一九二五年秋、神龍寺住職の秋元梅峯が組織した大日本仏教護国団の主催により川口の岡本埋立地において初めて行われた土浦全国花火大会は、前年九月に霞ヶ浦海軍航空隊付として着任し、のちに同隊の副長兼教頭となる山本五十六(やまもといそろく)が、殉職者に対する供養と慰霊を、山本の下宿先の近くの神龍寺住職の秋元に相談したことから始まったという。現在も一〇月に行われている土浦全国花火競技大会は、霞ヶ浦海軍航空隊殉職者の慰霊を目的にして始まったのである。ここにも、霞ヶ浦海軍航空隊—土浦花火大会という結びつきが見える。

だが、この時期の「空都」は、皇紀二六〇〇年の年に誕生した土浦市と土浦海軍航空隊が一体となった「名実兼備」の「軍都」の色彩が濃い言葉として使用されている。

一九四一年一二月八日、「英米対戦」が始まる。翌一二月九日付『いはらき』新聞は、この日の土浦市の様子を次のように報じた。

> 英米対戦が報ぜられたきのふの空都土浦市は、〝来るべきものが遂に来た〟といふ表情で街頭には一段の緊張が張り、〇〇〇航空隊の〝緊急呼集〟、各新聞社の特報、警察当局の防諜流言飛語取締ポスターが市民の心を強くひきしめ、ラジオに特報に街頭は息詰まるやうな決戦態勢の空気と必勝の意気に燃え頼母(たのも)しい落着きを示した。

「英米対戦」とともに「空都」土浦は、霞ヶ浦海軍航空隊・土浦海軍航空隊員を出迎える町として、そして彼らを戦地に送り出す町としての歴史を歩むのである。

描かれる予科練

予科練

予科練(よかれん)とは、海軍飛行予科練習生（海軍内では練習生と呼ばれた）の略称で、現在の中学校三年生に相当する小学校高等科卒業もしくは中学校二年終了程度の一四歳から一八歳の少年を対象に、海軍航空搭乗員としての基礎的な知識や技能を習得させる制度である。航空機搭乗員としての専門的知識や技能を習得する前の基礎教育と、将来士官となるために必要な素養を身に付けるための教育が行われ、飛行適性検査により操縦要員と偵察要員に区別され教育・訓練を受けた。偵察とは、作戦飛行中の航空機の位置を正確な航法で把握する任務である。

予科練教育では、航空機の操縦訓練が日常的に行われるという印象が強いが、航空機へ

図8　霞ヶ浦上空を飛ぶ九三式中間練習機（予科練平和記念館提供）

の搭乗は教官と同乗し指示により操縦する飛行適性検査の時くらいで、操縦訓練は予科練習生教程卒業後に進む本科の飛行練習生教程（飛練）から開始された。このため、予科練は〝誇り〟で、飛練は〝憧れ〟とも言われたという。

飛行練習生教程では、九三式中間練習機（九三中練）により、搭乗員としての技術を習得する。九三式中間練習機は、複座（二人乗り）の複葉機（二枚翼）で、翼やプロペラは木製で機体にモロ布（羽布）が貼られていた。一九三四年（昭和九）の制式採用当初はシルバーであったが、練習機であることを表すためにイエロー・オレンジの羽布となり、飛ぶ姿から「赤とんぼ」と呼ばれた。前と後ろに操縦席があり、後部座席に教員が乗り、マンツーマンで指導を受けた。こうして、海軍で歌われた「一つとせ、人と生まれて鳥のマネ」の第一歩が始まる（図8）。

この飛練を修了後、各地の練習航空隊で、戦闘機（味方の攻撃機を掩護したり、敵の爆撃機を迎撃する）・爆撃機・攻撃機（敵の艦艇や航空基地を攻撃する）・偵察機などの教育を受け、一人前の搭乗員として各部隊に配属された。予科練・飛練という課程を合格し、初めて一人前の「若鷲」の道を歩むことができたのである。

予科練志願者には、第一次選抜試験（学力試験）と、身体検査・適性検査・口頭試問などの第二次選抜試験が課せられ、予科練に採用されると海軍四等航空兵の階級が与えられた。一九三〇年に行われた最初の選抜試験には、全国から五八〇七人が志願、約七三倍の競争率を突破した七九人が、第一期予科練習生として横須賀海軍航空隊に入隊した。平均年齢は一五歳一〇ヵ月であったという。

増える予科練生

日中戦争が始まり航空機搭乗員の増員が必要となると、これまでの予科練制度だけでは搭乗員養成が数量的にも時間的にも間に合わないことが予想された。そこで、一九三七年九月、新たに中学校四年一学期終了程度を対象とする甲種予科練制度が制定され従来の予科練は乙種とされた。教育期間を一年短縮して一年六ヵ月という短期間で予科練教育を修了させて飛行練習生教程に進み、速やかに搭乗員を養成する方針が採られたのである。甲種第一〇期生はこれに該当する。

その後、予科練は、海軍の一般下士官から選抜された丙種、乙種の中から年長者を中心に一定の条件を満たした者を採用した乙種（特）、台湾・朝鮮半島出身の一般志願兵から選抜した丙種（特）の五種類に増加した。あわせて、大学・高等学校・専門学校卒業生の志願者から採用し、約一年間（後に六ヵ月）の基礎教育教程を行い、海軍士官に任官させる海軍予備学生制度も始まる（図9）。

しかし、こうした多種類の予科練生や予備学生の存在は、最終学歴や進級期間の違いにより相互の対立を生み、とりわけ年齢が近い乙種と甲種は「犬猿の仲」ともいわれた。一九四三年度以降加速化する予科練教育を担当する練習航空隊の新設には、予科練生の増加に加え、こうした対立が背景にあったといわれる。

予科練教育制度の拡充と並行して、土浦海軍航空隊以外でも予科練生の養成が行われるようになった。一九四一年一一月から岩国、翌四二年七月から三重、四三年には鹿児島・松山・美保の各航空隊で予科練生の養成が始まった（図10）。

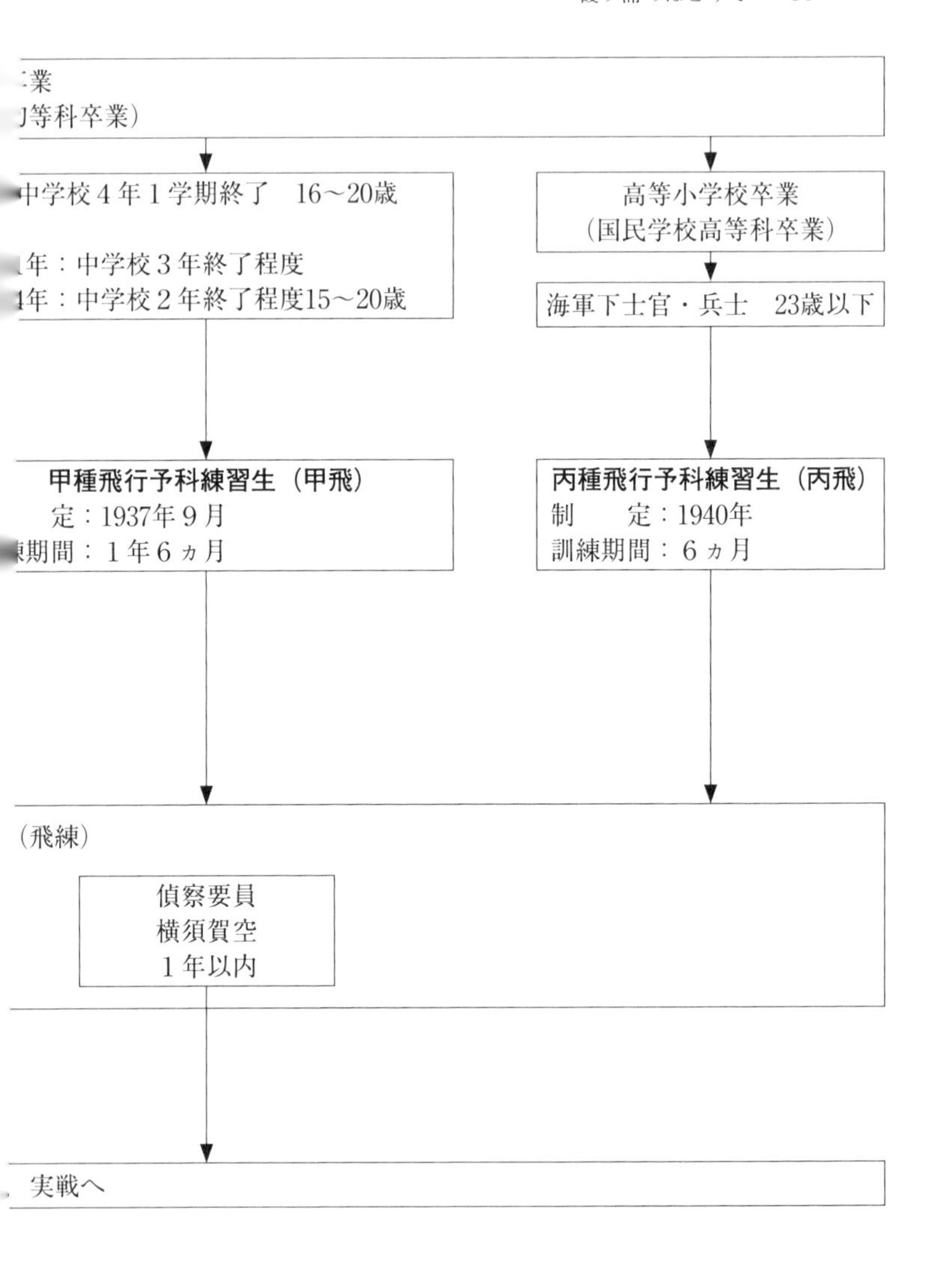
業
等科卒業)
中学校4年1学期終了　16～20歳
年：中学校3年終了程度
年：中学校2年終了程度15～20歳
高等小学校卒業
(国民学校高等科卒業)
海軍下士官・兵士　23歳以下
甲種飛行予科練習生（甲飛）
定：1937年9月
期間：1年6ヵ月
丙種飛行予科練習生（丙飛）
制　定：1940年
訓練期間：6ヵ月
(飛練)
偵察要員
横須賀空
1年以内
実戦へ

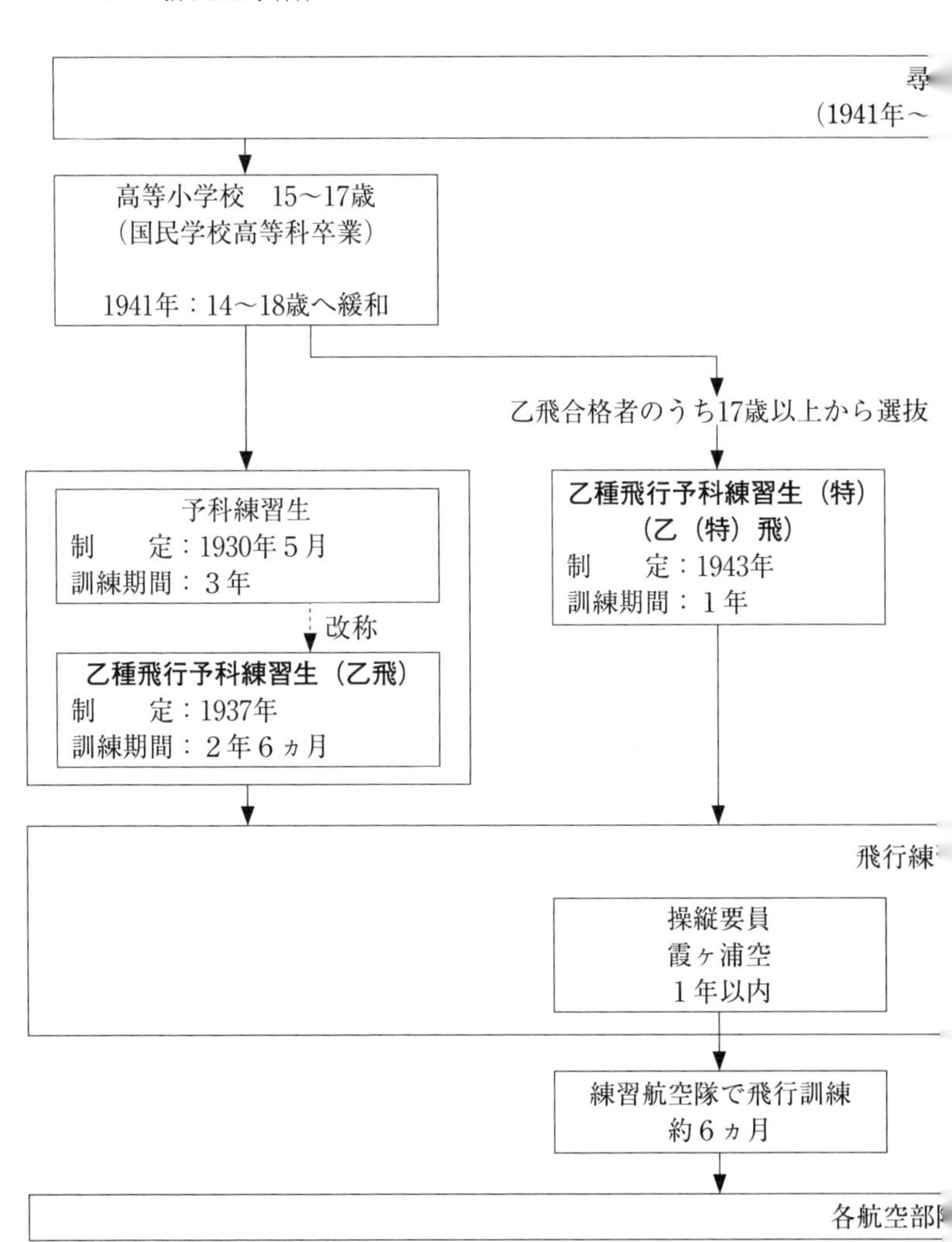

図9　予科練制度

(『改訂版帝国陸海軍事典』,『阿見と予科練』, 予科練平和記念館展示をもとに作成)

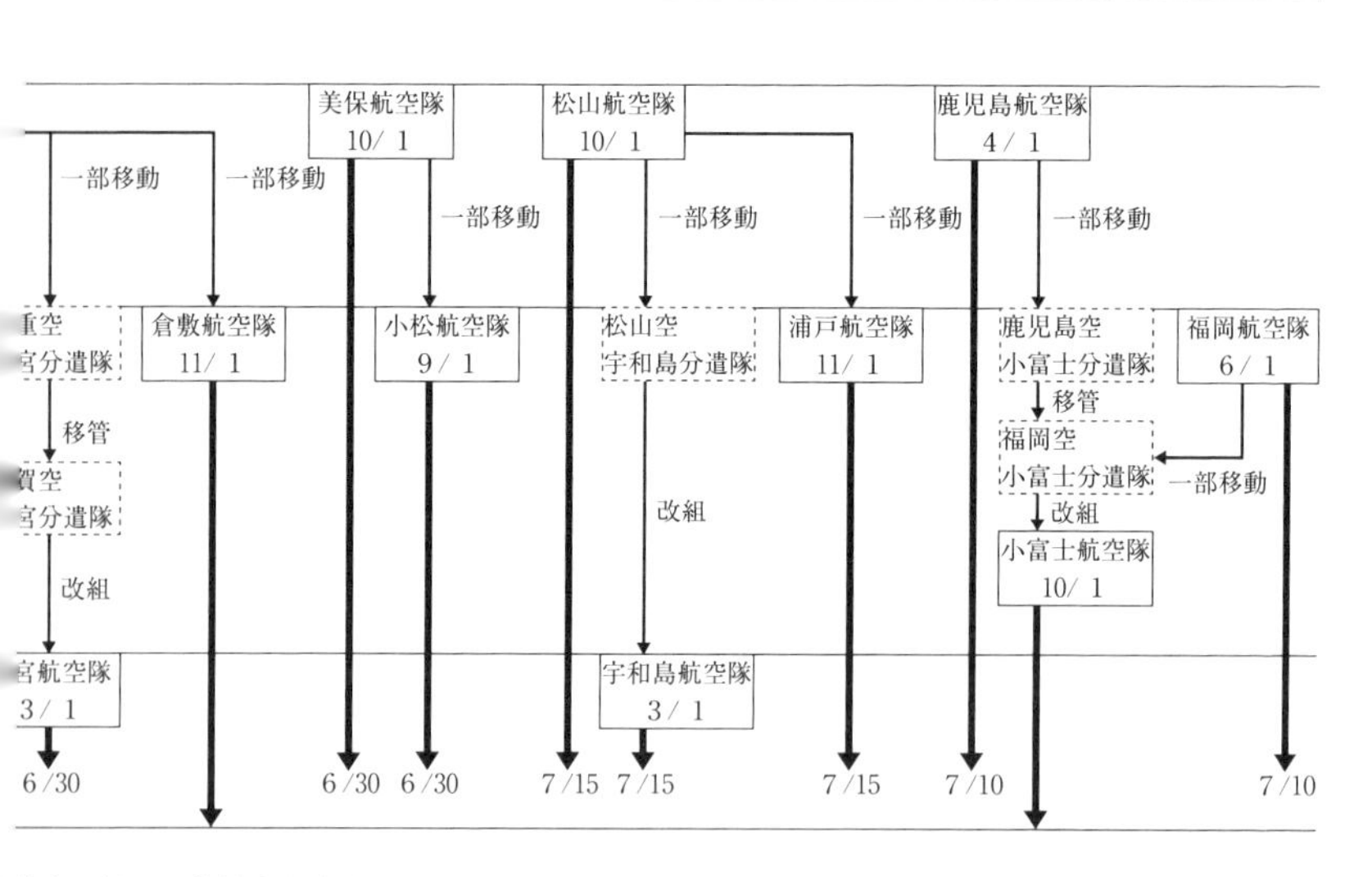

終点日付は予科教育中止月日．☆は一部移動を表す）
練平和記念館展示をもとに作成）

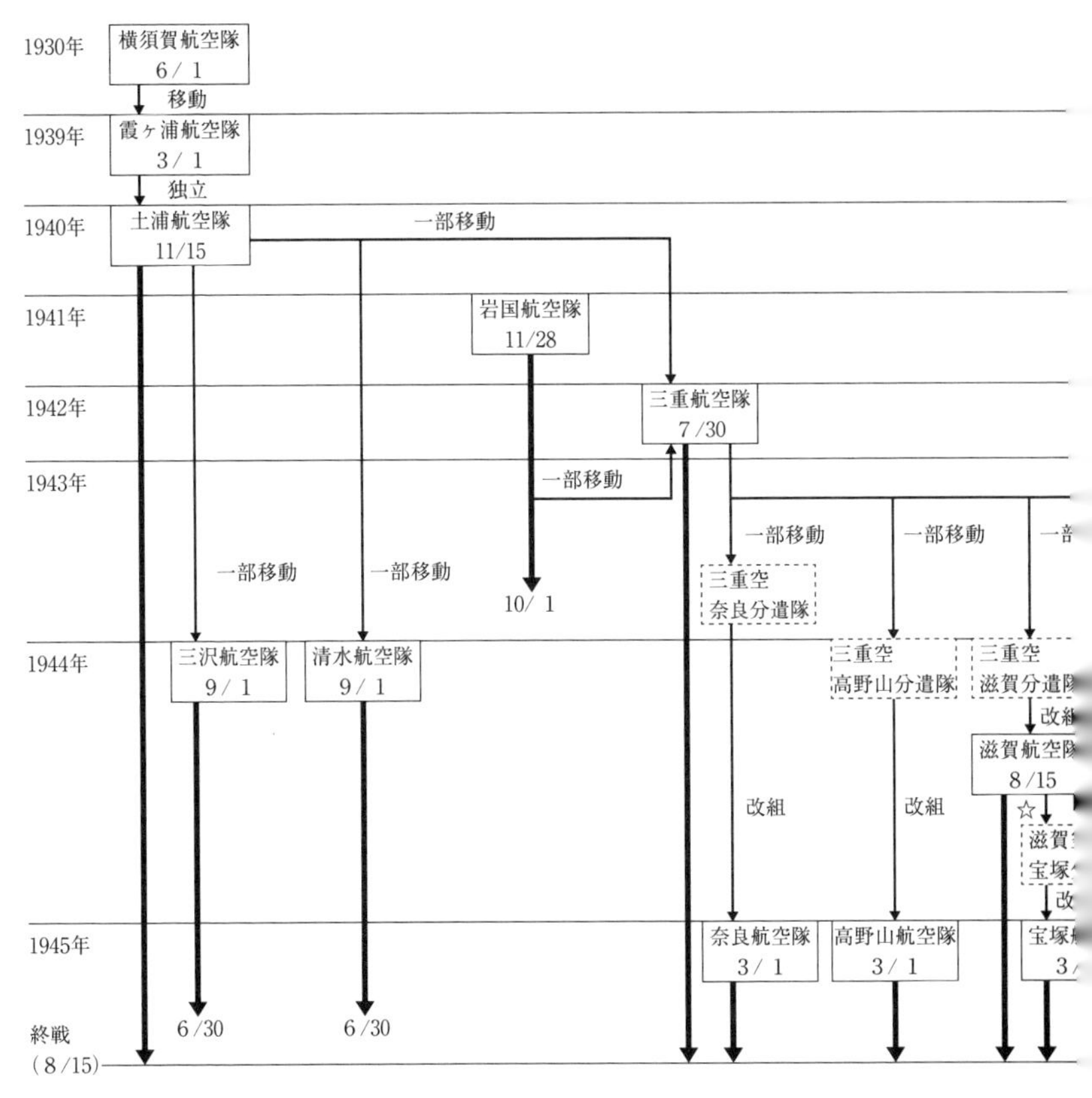

図10　予科練系統図（枠内日付は予科開隊
（『別冊一億人の昭和史　予

予科練教育を担当した練習航空隊は、終戦までに全国で一九隊を数えた。このなかで、土浦海軍航空隊が〝予科練揺籃（ようらん）の地〟（揺籃とは「ゆりかご」のことで、物事の始まりを意味する）とされるのは、以上のような歴史による。

『土浦海軍航空隊めぐり』

一九四三年五月、『土浦海軍航空隊めぐり』と題する書物が東雲堂から出版された。

「一度でいゝ、〝土浦海軍航空隊〟を見学して、生徒達の勉強振りや、飛行機に乗るのを、参考のために見たい」と願う大和国民学校五年生の石野猛少年が、叔父とともに一週間にわたり土浦海軍航空隊を見学するという内容が、イラスト付きで描かれた二三〇頁に及ぶ解説本である。大本営海軍報道部・海軍少佐富永謙吾と土浦海軍航空隊・海軍少佐原田種寿が指導監修し、日本漫画奉公会員の志村つね平（本名常弥）と筑摩鉄平（本名始）が執筆した。奥付によると、定価は一円八〇銭で初版で二万部（二刷で二万五〇〇〇部）発行されている。

予科練教育は、前年七月三〇日から三重海軍航空隊、四月一日から鹿児島海軍航空隊で行われ、一〇月一日からは美保・松山海軍航空隊でも行われることになっていた。『土浦海軍航空隊めぐり』は、こうした状況をふまえつつ、土浦海軍航空隊への勧誘のために出版されたものと思われる。

ストーリーは、上野駅から「夢の土浦へ」向かうことから始まる。土浦駅からバスに乗車し、正門前のバス停で下車。正門の左手の衛兵詰所で許可を得て隊内に入る（図11）。コンクリートの突き当りは霞ヶ浦で、練習機の翼が見える。右側は第一練兵場、左側の建物は兵舎、二〇メートルのマストの天辺に軍艦旗がはためく号令台の前の建物が土浦海軍航空隊庁舎である。煙突から煙が登る烹炊所（ほうすいじょ）は食事の調理所で、各班四人一組の食卓番がここ

図11　「土空の漫景」（『土浦海軍航空隊めぐり』より）

で食事を受け取り、兵舎に運んだ。

烹炊所の隣にある酒保(しゅほ)は、飲み物・菓子・日用品などを市価よりも割安で提供する売店。第二練兵場近くの湖畔にある二階建ての雄飛館は、この三月に完成したばかりの隊内クラブである。階下は大きな食堂がある酒保、二階は予科練生がくつろぐ座敷で、雨の日は土浦市内にまで出かける不便がなく、一日楽しく休養できる施設であった。

続いて「土空の一日」が説明される。

「土空の一日」

午前五時（冬期は午前六時）、起床ラッパとともに「総員起し」の号令が発せられ、全員一斉に「吊床(つりどこ)から跳ねおり」、三〇秒で吊床をたたんで居室の吊床置場に格納し、洗面所に走る（図12）。

続いて、制服に着がえて分隊ごとに整列し、「駈足」で第一練兵場に向かい朝礼。朝礼では、宮城(きゅうじょう)（皇居）遙拝(ようはい)、「軍人ハ忠節ヲ尽スヲ本分トスヘシ」に始まる「聖訓五条」と「御製」の奉唱を行った後、「土空独特」の海軍体操を行う。「聖訓五条」とは明治天皇が軍人のあるべき姿を諭した軍人勅諭のなかで特に重要視した忠節・礼儀・武勇・信義・質素を指す。このため吊床も五回廻して締めたという。

朝食後の午前八時二〇分、課業が始まる。課業は、学科と訓練および精神教育に大別さ

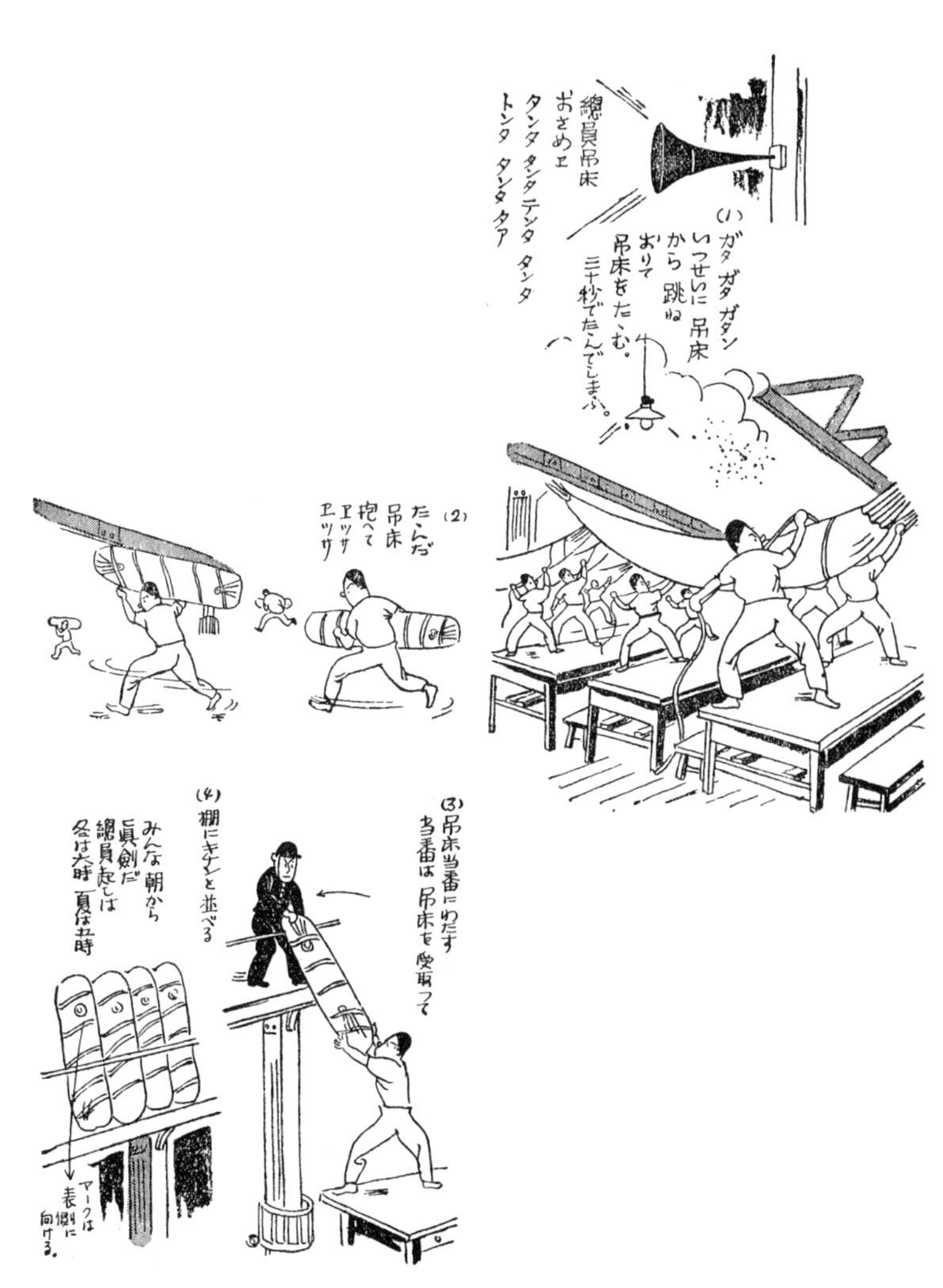

図12 「総員起し」(『土浦海軍航空隊めぐり』より)

れた。

学科は、普通学と軍事学の二つで、座学とも呼ばれた。普通学は、国語・漢文・幾何・代数・三角・物理・化学・地理・歴史・外国語などで、背広を着用した東京高等師範学校・東京文理科大学（現筑波大学）出身の文官教官が受け持つことが多かった。軍事学は、航空術・砲術・整備・通信術・航海術・運用術・機関・水雷・陸戦・兵術軍制などの術科で、講義だけでなく実習も行われ、教官（海軍士官）・教員（海軍下士官）が海軍兵学校に準じて教授した。

机は木製で一人掛け。机の中には教科書が並ぶ。机の裏蓋には葉書大の紙片に謄写版刷で「五省（ごせい）」が貼られてあった。「五省」とは海軍兵学校で一九三二年から用いられた「至誠に悖（もと）るなかりしか」「言行に恥づるなかりしか」「気力に欠くるなかりしか」「努力に憾（うら）みなかりしか」「不精（ぶしょう）に亘（わた）るなかりしか」という訓戒である。予科練では四三年から採用され、朝夕学科の予習・復習をする「温習（おんしゅう）」と呼ばれる自習時間に、当番が読み上げ、生徒全員が心の中で復唱した。

訓練は、短艇（たんてい）・陸戦・体操・武技（剣道・柔道・銃剣術・水泳・相撲）・体技（闘球・バレーボール・バスケットボール・綱引）・通信・運用・航海などで、入隊後一、二ヵ月のうちに操縦・偵察の適性を検査する適性検査が行われた。

一方、精神教育は軍人精神を体得させるための教育で、毎週月曜日に行われた各分隊長による精神訓話が最も重視された。

入浴、夕食、「吊床おろし」「温習」を経て、就寝となる。これが「土空の一日」であった。

予科練生の食事

『土浦海軍航空隊めぐり』のなかで最も注目したいものは、朝食・昼食・夕食に関する記述である。毎日厳しい訓練が課せられ、育ち盛りの予科練生にとって何よりも楽しみなのは、三度の食事であった。三度の食事は次のように説明されている。

朝の食事です。もう起きてから、かれこれ一時間も過ぎ、練習生達は腹ペコでせう。各班毎の食卓番四名一組となつて、兵舎の中央の烹炊所へいそぎます。烹炊所とは、食事の調理所で、こゝには石川五右衛門のはいつたやうな、大きな釜が沢山あつて、鰹節のプーンとする、おいしい味噌汁や、香の物、白いホカ〳〵する御飯が出来て居ります（図13）。

「おいしい味噌汁や、香の物、白いホカ〳〵する御飯」。これが朝食である。続いて、一

図13 「朝の食事」(『土浦海軍航空隊めぐり』より)

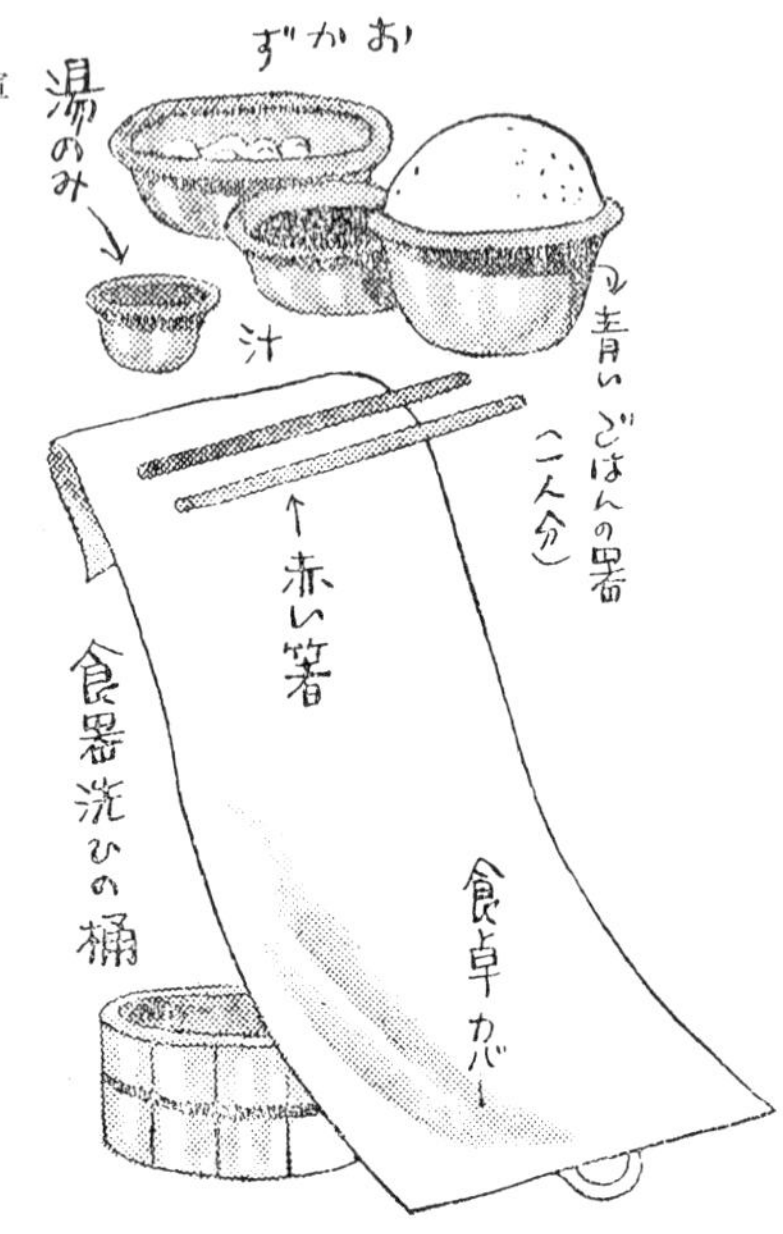

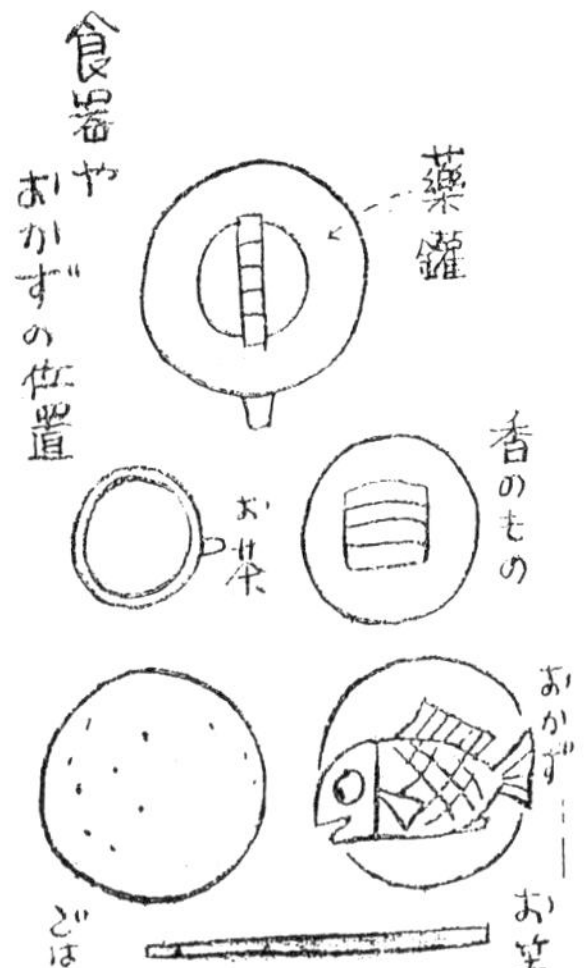

図14 「昼食」(同より)

一時三〇分、ラッパの合図で昼食が始まる。

猛君も叔父さんも、兵舎で練習生と一しょに、御馳走になりました。御飯がとても多いので、さすがの叔父さんも目を白黒！叔父さんが、目を白黒するワケです。練習生の食事の量は増加食といつて、特別にどつさり盛りつけてあります。発育盛りの少年達は、いくら食べても足らない位ですから、海軍では、立派な体をつくるやう、他の水兵さんより十分与えます（図14）。

そして、ボリューム満点、栄養たっぷりの夕食。

アンペラ包みの隅からは、血だらけの牛のひづめが、ニュウツと出てゐます。中味は牛肉ですな。一日中よく運動する少年達は、さぞお腹も空くであらう――とお料理する兵隊さんが、栄養たつぷりのおいしい〳〵シチューだの、お魚の煮付けだのコテ〳〵作ります。

予科練に入隊して初めて口にすることができるような、栄養価満点の食事が、イラストとともに描かれている。

「優れた海鷲」

「土空の一日」の次は、精神訓話・映画会・大掃除・クラブ・土空の一年について説明した「土空の一週間」、「土空の諸施設」（靴修理所・被服修理所・理髪所・面会所・病舎・雄飛館）、「班長のお話」、「教官のお話」と続く。

そして、最後の「土浦から東京へ」は、「白帆の浮く、碧い湖も、藤紫の筑波の山」をも「第二の故郷」のように感じ、「叔父さん、僕、東京へ帰るのがいやになりました」と話す猛少年の次のような決意で終わる。

「叔父さん、僕はこれから、練習生のやうに朝も早く起き、一日中規律正しく勉強しようと思ひます。何事も真剣に一生懸命……」

「さうだ、授業中は、側目（わきめ）もふらず……」

「短艇のやうに頑張らう」

「闘球のやうに、気合をかけて……」

「温習のやうに、予習、復習は、その日のうちにきまりをつけて」

「猛君!!その調子だよ。君はわづか一週間の見学で、そこへ気がつき、実行しようと心に誓つたらう。だから、まして土空へ入隊して、あんないゝ教官や班長さん方にみつちり訓練されゝば、どんな平凡な少年でも、あの優れた海鷲になれるわけだらう
——ねッ」

「本当ですね。僕だつて、日本の海鷲になれますね。勇敢な——」

猛君は、固く〳〵心に誓ひました。

「どんな平凡な少年でも、あの優れた海鷲になれる」――。中学校以上の進学の道を閉ざされた乙種予科練志望者にとって、この言葉は心に響いたものと思われる。

映画「決戦の大空へ」

「若い血潮の予科練の　七つボタンは桜に錨　今日も飛ぶ飛ぶ霞ヶ浦にゃ　でかい希望の雲が湧く」。

(JASRAC 出 1904030012-01)

この詞は、一九四三年九月一六日に封切りされた東宝映画「決戦の大空へ」(渡辺邦男監督、主演原節子・高田実)の主題歌「若鷲の歌」の一番である。作詞は西条八十、作曲は古関裕而で、映画封切りと同時に日蓄(現日本コロムビア)から発売され、「予科練の歌」とも呼ばれて全国に知られた。

「若鷲の歌」には逸話がある。西条は次のように述べている。

「いくつ作っても士気を鼓舞するよい歌が出来ないのです。ひとついいのを是非書いて下さらんか」と事務所で言った隊長の真うしろの壁に予科練生募集のビラが掲っていた。若い美少年が七つボタンの制服を着、桜の花に彩られているのだ。「若い血潮の予科練の……」の最初の詞句は、その時即座にぼくの胸に浮かんだのだった(『私の履歴書　文化人2』)。

予科練生の制服は、前年一一月に、「ジョンベラ」と呼ばれたセーラー（水兵）服から詰襟の七つボタンに変更されていた。変更された理由は、全国の少年が予科練に憧れるようにデザインする、予科練生の待遇改善のためなどとされる。七つボタンには、世界の七つの海を制圧する、「月月火水木金金」という休日のない海軍の猛訓練などの意味が込められたという。

一方、曲については、最初作った曲を披露するために土浦海軍航空隊に行く途中、利根川を過ぎたあたりで、古関は「即興的」に別のものを作曲する。この二曲を教官と予科練生の前で演奏したところ、教官は前者を選んだが、予科練生全員が後者に手を挙げたため、後者の曲が正式に採用になったという。

映画「決戦の大空へ」は、予科練生が外出の時に憩いの場として通う指定倶楽部（クラブ）の少年が主人公で、身体が小さく、気の弱い土浦中学校の生徒である少年が、予科練生との交流を通して予科練に憧れ、予科練生や家族の応援を得て自己鍛錬をするうちに心身ともにたくましくなり、ついに予科練に合格するというストーリーである。予科練生の勧誘・募集を目的とした映画であるため、規律違反や動作が遅い場合に連帯責任として、班の全員に対し、班長が「海軍精神注入棒」とも称された「バッター」で気絶するほど臀部を叩く

「罰直（ばっちょく）」のシーンは出てこない。

西条と古関は、映画のロケ隊とともに阿見新町（しんまち）にある「予科練指定食堂」の徳島屋に泊まり込み、土浦海軍航空隊に一日入隊し、起床から就寝まで「まる一日つぶさに見学」した。

この時の思い出を古関は、「若い少年たちの真剣で敏しょうな動作、勉強中の教官に対する熱心なまなざし、また航空計器等に対する慎重な取り扱いと探究心あふれる態度には、何か打たれるものがあった」と記している（『鐘よ鳴り響け』）。

ロケは土浦市内でも行われ、「指定倶楽部」には亀城公園付近の田辺歯科医院が、少年が通う中学校には土浦中学校（現土浦第一高等学校）がそれぞれ使用された。映画のエキストラとして出演し、体育の授業シーンで跳び箱をとんだ土浦中学校の一生徒は、「決戦の大空へ」を見て予科練に憧れ、一〇月一日、甲種第一三期生として土浦海軍航空隊に入隊した。

映画「決戦の大空へ」は、土浦東宝劇場で九月四日に行われた試写会を経て、一六日に封切りされた。上映初日、古関が日劇に行くと、「映画が終わって外に出て来た大勢の小学生が〝若い血潮の予科練の――〟」と歌っていたという。この光景を目にした古関は、

「映画の中で何回か歌われている主題歌だが、見終わった子供たちが覚えて出て来るとは思わなかった。この単純で明快、短調でありながら暗さのない曲は、少年たちの胸に飛び込んで行ったのである」と後年記している（『鐘よ鳴り響け』）。

映画「決戦の大空へ」と主題歌「若鷲の歌」によって、予科練に憧れ、予科練を志望する少年が増えるとともに、制服の上着のボタンである七つボタンが、予科練のトレードマークとして有名となった。

絵葉書・新聞・写真のなかの予科練生

予科練生の青春は、映画以外でも描かれた。

図15は、「海鷲ノ揺籃　土浦海軍航空隊　絵葉書集」と題された着色写真絵葉書袋である。「昭和十七年十月九日許可済」と記されているから、土浦海軍航空隊が開隊した二年後に許可を得て作成されたものである。

絵葉書は、体操・平行棒・剣道・柔道・銃剣術・籠球（バスケットボール）・ラ式蹴球（ラグビー）・飛込・短艇訓練（出発）・帆走訓練・「飛沫ヲ揚ゲテ」（適性飛行）・通信術の一二枚で、生き生きと訓練に励む予科練生が被写体となっている（図16）。

絵葉書袋の表には「土空予科練魂　一、絶対服従　一、攻撃精神　一、犠牲的精神　一、頑張リノ精神」と「空ハ君等ヲ待ツ　来レ精神訓練道場　高橋練習生へ」という為書が、

図15 「海鷲ノ揺籃　土浦海軍航空隊　絵葉書集」袋（土浦市立博物館所蔵）

図16　絵葉書「体操」（同より）

裏には分隊長の訓話が記され、さらに絵葉書の宛名面には「土空予科練魂」と甲種第一〇期生の歌である「予科練ぶし」（「土空健児の歌」）が記されている。絵葉書は、予科練生への入隊記念品、あるいは予科練生の故郷への便りや土産品として利用されていたものと思われる。

一方、『朝日新聞』は、一九四三年五月二〇日から夕刊で「土浦・霞ヶ浦」と題する連載を始めた。筆者は作家の獅子文六（本名・岩田豊雄）。このなかで「土浦の町」は、「まるで、横須賀駅へ、まちがへて降りたかのやうに、海軍の色が、濃く流れてゐる」（五月二一日）と紹介された。七月六日まで三八回を数えた連載では、「土・空」の予科練生だけでなく、「霞・空」の飛行学生や飛行予備学生らが描かれた。

また、海軍省から海軍飛行隊員の募集パンフレットを依頼された写真家の土門拳は、一九四四年六月四日、土浦海軍航空隊に入隊し、甲種第一三期生といっしょに生活し、予科練生の厳しい訓練や日常生活を「自分が納得するまで」撮影した。

「もう一回やってくれ」が口癖で、駆け足は何度もやり直しさせ、棒倒しは「練習生の肩に乗って棒にしがみついて」シャッターを押したという。食事も三食とも同じものを食べたので、予科練生の食事の量が少なくなり、卒業を一ヵ月後に控えていた一三期生にとって、「熱心さには敬意を表した」けれども「邪魔くさい存在」だったようだ（『続・阿見と予科練』）。

だが、土門が撮影した写真（写真集に添付する文章は当初獅子文六が書くことになっていたが、土門は分隊長を強く希望したという）は、終戦により〝お蔵入り〟となる。「幻の写真」は、土浦海軍航空隊で撮影した事実（土門は生前、土浦海軍航空隊で予科練生を撮影したことを一度も口にしなかったという）とともに封印されていたが、現在、四二枚の写真が阿見町の予科練平和記念館に収蔵・展示されている（『土門拳が封印した写真』）。

予科練特攻隊の原風景

海軍最初の神風特別攻撃隊である敷島(しきしま)・大和(やまと)・朝日(あさひ)・山桜(やまざくら)各隊の特攻隊員に指名され、その後編制された菊水(きくすい)・若桜(わかざくら)・葉桜(はざくら)・初桜(はつざくら)・彗星(すいせい)の各部隊からなる第一神風特攻隊の主力となった甲種第一〇期生は、土浦海軍航空隊でどのような生活を送ったのだろうか。

甲種第一〇期生

一九四二年（昭和一七）四月一日に土浦海軍航空隊に入隊し、海軍四等飛行兵に任じられた甲種第一〇期生は一〇九七人。前年四月に入隊した第八期生は四五五人、一〇月に入隊した第九期生は八四一人であるから、約二〇〇人の増員であった。この頃の戦局は、南方進攻作戦が順調に進展し、西ニューギニア方面の上陸作戦、フィリピン・バターン半島総攻撃を開始するという華々しい緒戦期であった。このため、搭乗員養成も増強する必要が生じ、一〇〇〇〇人を超える大量採用となったのである。

入隊して間もない四月一八日、アメリカ空母ホーネットから発進した戦略爆撃機Ｂ25が、霞ヶ浦・土浦海軍航空隊上空をかすめて帝都に侵入、京浜地区を爆撃した。昼の体操中であった一〇期生は、松の木の下や芝生の上に座り込んで、快晴の上空を駆け抜ける敵機を眺めたという。本土初空襲という出来事に直面し、空の護りの重要性を肌で感じたと思われる。

「陸々、短々猛訓練」

一〇期生は、八つの分隊に編制され、各分隊は一七、八人単位の八班に分けられた。二個分隊に一人の分隊長、各分隊に一人の分隊士、各班に一人ずつ班長が付いた。分隊長をはじめとする教員は、飛行科と関係のない兵科・通信科・砲術科などの士官・下士官で、「堅確なる軍人精神」を涵養(かんよう)する精神教育を担当した。このためこれら教員たちは口癖のように、「空を飛ばないニワトリが鷲を育てている」といったという。

分隊長の一人が入隊した隊員の父兄に宛てて四月初めに送った「手紙」には、甲種第一〇期生の「生活」が、次のように説明されている。

規律節制ある軍隊生活を以て暫時は窮屈に感ずることもあるも、慣るれば却って愉快なるものに候。課業は、午前四時間午後二時間にして、午後一時間は体育を実施し心身の健全なる発育をはかり、夜約二時間の温習を行なひ、其の他は相当自由なる時間あり、起床は夏季は五時半、冬季は六時、就寝は夏季、冬季共に午後九時なるを以て睡眠時間も充分あり。又日曜、祝祭日は休業にして外出を許可し市内見学、近郊名所旧蹟への行軍或は運動諸競技等を行ふべく、入隊後二カ月は教育に最も大切なる時期につき見学行軍の外、外出は許可せられず、六月以降自由外出を許可せらるる予定に候（『散る桜残る桜』）。

「手紙」からうかがえるように、一〇期生の場合、一日六時間に及ぶ課業の中心は陸戦・短艇で、「陸々、短々猛訓練」といわれた。

陸戦とは、白い戦闘帽に黒い錨のマークを付け、白い事業服に白脚絆と全部白づくめの服装に銃を担いだ格好で、気をつけの姿勢から、挙手の敬礼、射撃、突撃、散開、伝令などを行う軍紀訓練である。隊内での訓練が終了すると、隣県の海軍演習地で野外演習が行われた。

これに対し、短艇とは「カッター」とも呼ばれたボートによる訓練である（図17）。図17に示したように、「ダビット」と呼ばれる短艇吊柱にぶら下げてある短艇を水上におろし、「乗艇」という号令のもとオール（櫂）をもった漕ぎ手が短艇に乗り込む。艇指揮（カッターの指揮者）と艇長（舵手）の指揮のもとさまざまな技術を習得するものである。この訓練については、「手のマメがつぶれ、尻の皮も擦りむけて、夜はハンモックに仰向けに寝られない」と多くの予科練生が述べている。

航空機搭乗員には必要と思われないこの二つは、予科練生の体力と忍耐力を養う課目として最も重要視されていたという。技術的な面よりも、体力の限界までの鍛錬を繰り返すことが重視され、限界を高めていく過程でのなかで「不撓不屈」の精神を養ったのである。「手紙」には、夜二時間の温習（自習）の後は「相当自由なる時間あり」と書かれている。だが、実態は異なっていた。『散る桜　残る桜』では、後年の思い出にもとづく「注」が付けられ、「文中の生活の項に、「相当自由なる時間あり」とあるが、自由時間が一番多いはずの夕食後でも、罰直や吊床訓練などがあり、その他の休憩時間でも、食事番などに当っていると洗濯をする時間も不足勝ちであったのが実情である」と書かれている。

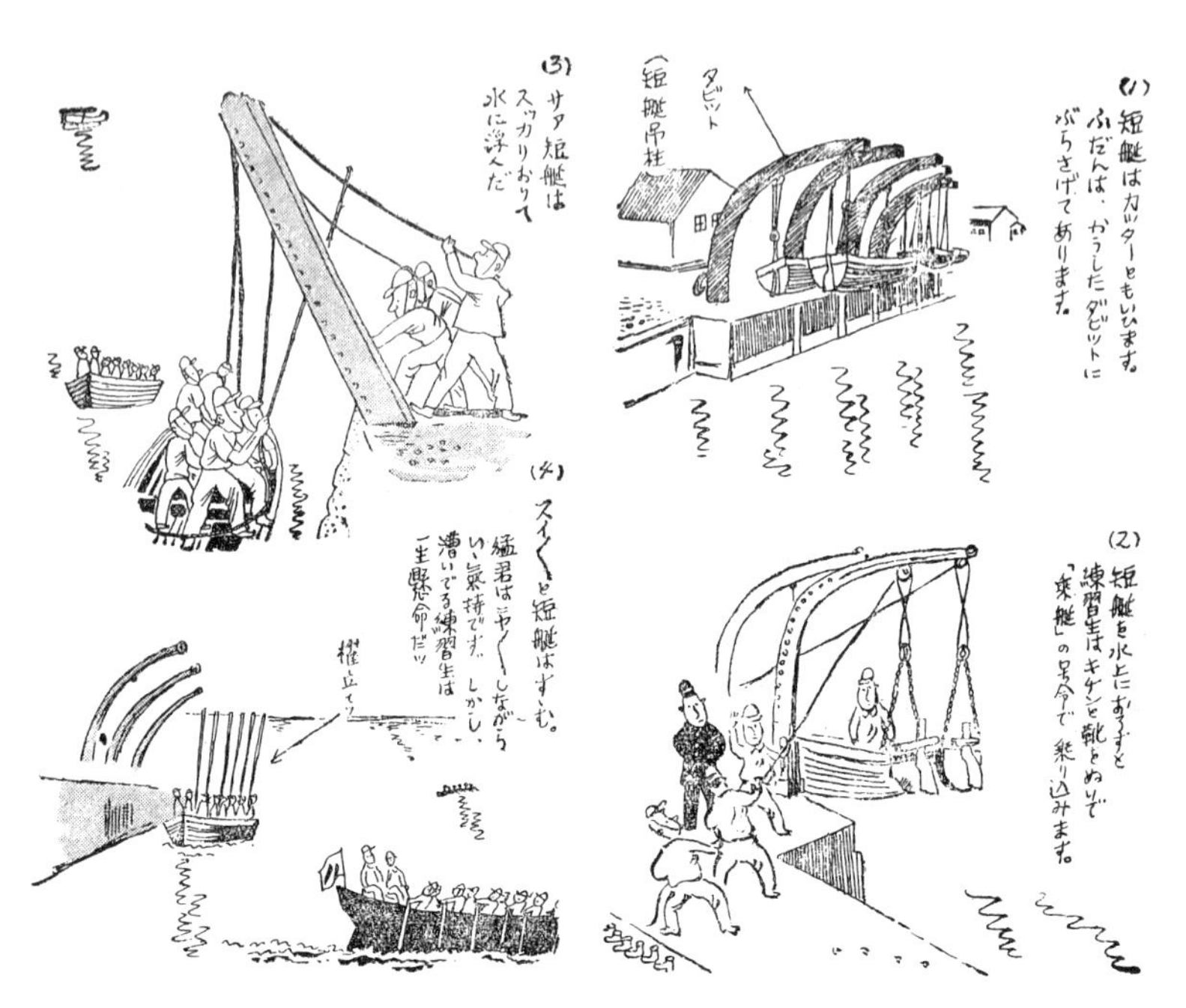

図17　「短艇」（『土浦海軍航空隊めぐり』より）

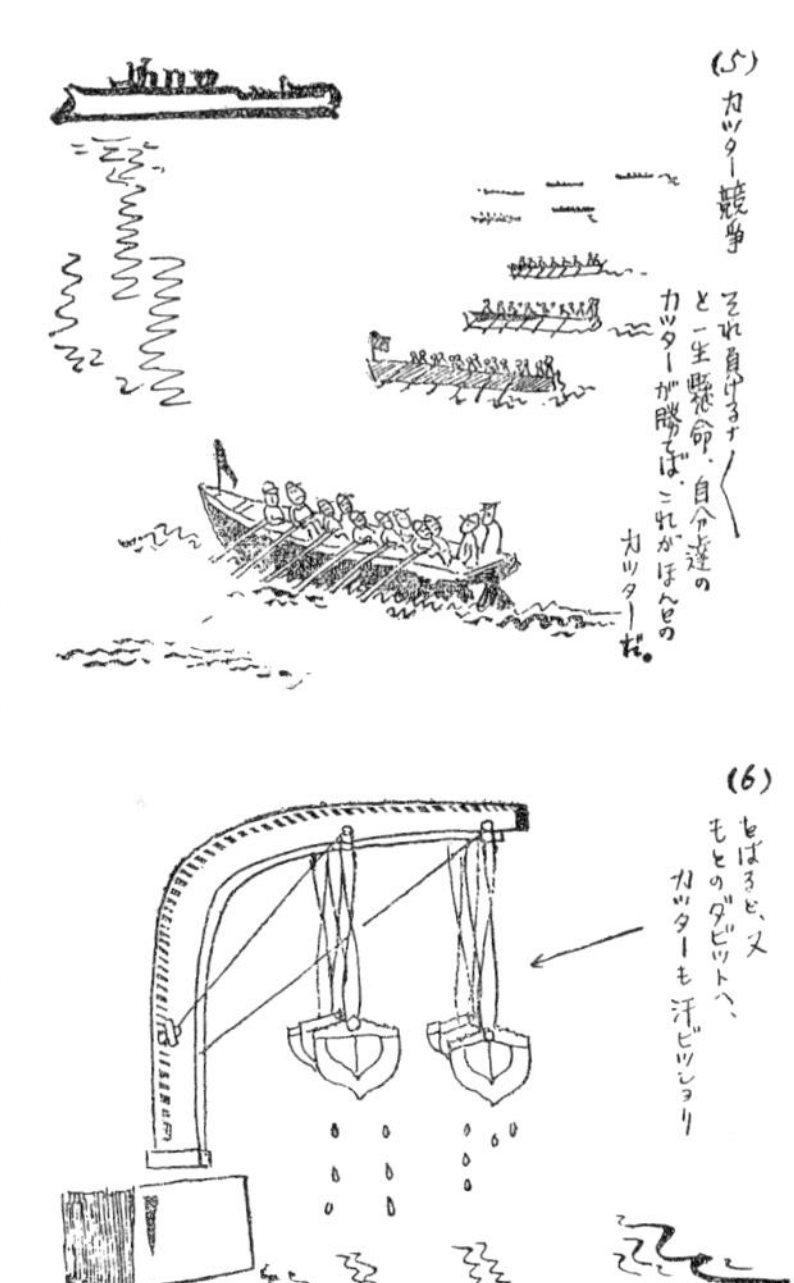

入隊してから一ヵ月後の五月一日、海軍三等飛行兵に進級し、分隊ごとに飛行適性検査（飛適）が始まる。予科練生にとって最も重要な学科は、操縦要員と偵察要員に進路を分けるために行われた、この飛行適性検査であった（図18）。

飛行適性検査

いよいよ「筑波山宜候（ようそろ）」の適性飛行実施だ。飛行分隊に行って、水上練習機で、各分隊順次に七日位ずつ交代で実施され、五月から始まって七月までかかった。

飛行長の訓辞のあと、さあ開始だ。離水、着水は教官の操縦で、水平飛行に移ってからが練習生の操縦だ。「空中に上ったからは待ったなし」、いわれた事を思いだし褌を

図18　飛行適性検査（予科練平和記念館提供）

しめる。

「目標、筑波山、宜候」と教官の声。伝声管で復唱する。

「目標、筑波山、宜候」

操縦桿をにぎりしめ、フットバーに足をかけて無我夢中だ。操縦桿と計器盤に夢中になれば、筑波山はスッーと右に左に逃げてしまう。なかなか容易ではない。今度は又教官の声、「右旋回」、「右旋回」と復唱して、こわごわ右足を踏む。飛行機は果して右に旋回したであろうか。

「放セ」、「放シマス」でやっと操縦桿を放す。緊張の何分かは、何時間にも匹敵し、汗だくである。

次は、霞空に行って地上訓練機に乗せられ適性検査だ。地上訓練機とは、地上に置いてある模型に乗って、全く空中と同じ状態にして操縦訓練する機械だ。いざ乗って見ると、乱気流や、風向、風力が不規則に変るようになっているので、なかなかうまく行かない（『散る桜　残る桜』）。

見学行軍

見学行軍は、第一学年教程が終了する九月三〇日までの半年間に、入隊直後の四月一二日に行われた霞ヶ浦海軍航空隊・ドイツ飛行船「ツエッペリン伯号」格納庫見学をはじめ、航空技術廠（二六日）、香取・鹿島神宮参拝行軍（五月三日）、筑波山行軍（一〇日）、土浦真鍋行軍（一七日）、東京行軍（六月八日）の六回実施された。

香取・鹿島神宮参拝行軍では、あやめ丸に乗船して霞ヶ浦を通り、香取・鹿島の両神宮に参詣して「武運の全きを祈り」、東京行軍では「世人万人の注目のもとなれば、整斉活発、挙止端正、一糸みだれぬ行動をとり、甲飛十期生の本領を発揮すべし」という命のもと、宮城・靖国神社・明治神宮・東郷神社を参拝し「一層奉公の決意を固め」、その後、海軍館を見学し「先輩の威烈を偲んだ」という。

七月一日に海軍二等飛行兵に進級、九月二日に操縦・偵察の希望調査が行われ、九月二六日に操縦・偵察の進路が発表された。

さあいよいよ発表、操縦に決定したものは誰も文句はいわない。殆んどが操縦希望だからだ。誰も偵察になりたくて予科練にきた者はいない。偵察と発表された者は虫がおさまらない。教員にねじこむ。教員、分隊士で駄目だと思ったら分隊長へ抗議だ。「どうして私が偵察へ廻らねばなりませんか。」また懇願する。「今から変更していただけませんか。」だまって聞いていた分隊長も「お前達の切なる希望は良く解る。だが、これも、陛下の大命なのだ。欣んで受けなさい」と訓すようにいわれては、しぶしぶながら引下らないわけには行かない（『散る桜　残る桜』）。

九月三〇日、第一学年教程が終了。操縦・偵察各二個分隊五五〇人が、三重海軍航空隊に転属となった。翌一〇月一日、第二学年教程が始まり、海軍一等飛行兵に進級する。一一月一日には官階改正により海軍飛行兵長と改称され、制服もジョンベラといわれた水兵服から〝七つボタン〟の制服に改められた。

食事のうらみ

食事について、分隊長が四月初めに父兄宛に送った「手紙」のなかでは、次のように説明されていた。

> 食事は官給にして栄養は充分考慮しあり、其他飲食物（菓子、うどん、汁粉等）は隊内酒保にて販売せられ、決して不自由に非ず、而も衛生上、躾上の見地より飲食物の隊内持込みは厳禁しあるに付、御家庭等よりの送附は堅く御断り致すべく候。

食事に関しては、『土浦海軍航空隊めぐり』においても、「鰹節のプーンとする、おいしい味噌汁や、香の物、白いホカ〱する御飯」（朝食）、「練習生の食事の量は増加食といつて、特別にどつさり盛りつけてあります」（昼食）、「一日中よく運動する少年達は、さぞお腹も空くであらうーとお料理する兵隊さんが、栄養たつぷりのおいしい〱シチューだの、お魚の煮付けだのコテ〳〵作ります」（夕食）と、イラスト付きで説明されていた。

しかし、こうした記述は予科練生募集のためのもので、実態とはかけ離れていた。事実、一〇期生の一人は、以下のように回想している。

飯は軍隊特有の麦の、間にわずかに米がはさまっている麦飯である。その麦も押麦と称するヤツで、口に入れるとゴソゴソして味がない。いまなら家畜のエサにしかならないだろう。それも、米より麦の方が軽い故か、上の方に麦ばかりの厚い層ができている。よほど上手に食器に盛り分けないと、麦ばかり喰わされることになる。練習生だけなら問題はないが、口のこえた教員が一緒に食事をするから厄介なことになる。食卓番の要領が、教員のご機嫌に大いに関係がある。喰物のウラミがこわいのは、どの社会でも同じとみえる。

総員起しから朝食まで、ミッチリと動くから、麦飯に冷えた味噌汁と漬物だけの食事もあらかた平らげる。はじめて納豆が付いたとき、食べ方を知らない練習生がかなりいた。関西出身者に多かった。食物の話のついでにいうと、練習生に一番人気のあったのは、カレーライスと時たま出る汁粉（しるこ）であった。最も不人気なのは大根で、土浦近辺は余程出来が悪いと見えて、筋ばかりで、鉄条網という異名があった（『散る桜残る桜』)。

こうした食事事情のなかで、一〇期生が初めて隊内で菓子を買うことが許される「酒保許可」が下りたのは五月七日。「初の単独外出許可」が下りたのは、亀城公園・真鍋神社と市内の倶楽部を見学した「土浦真鍋行軍」が実施された五月一七日から、ちょうど一週間後の二四日であった。「手紙」には、「入隊後二カ月は教育に最も大切なる時間につき見学行軍の外、外出は許可せられず、六月以降自由外出を許可せらるる予定に候」と書かれていた。予定より早まり、外出が許可されたのである。外出許可が早まった理由は、四月下旬に行われた「父兄家族招待」の席上で要望されたためか、甲種だったゆえなのかは、定かではない。

「予科練膝栗毛」

外出は日曜日のみ許可された。外出を希望する者は、午前九時、朝礼場で服装点検や持ち物検査を受け、風呂敷に包んだ海軍弁当（二合飯の「ドカベン」）を左脇に抱え、隊列を組んで隊門を出た後、個人もしくはグループ単位で行動した。外出前に昼食用の弁当を平らげると外出禁止が宣告されたという。

外出先は、花街など予科練生立ち入り禁止地区が多いため、おのずと「倶楽部」と呼ばれる民家や「指定食堂」に集中した。「倶楽部」は、予科練生が休日にくつろぐ場所として、土浦海軍航空隊が契約した民家である。分隊ごとに一、二軒が指定され、航空隊周辺や土浦市内に三〇軒以上あったという。一方、土浦市内の「指定食堂」は、保立食堂・保長食堂・富久善本店・豊島百貨店食堂・桝屋そば店・吾妻庵本店の計六軒で、二〇銭から二五銭の範囲で食事を提供した。予科練生は、丼ものやそばを平らげた後に、持参した弁当を食べた（『続・阿見と予科練』）。

一九四二年一二月に入隊した乙種第一九期生の一人は、「土空時代の外出日」を待ちわびる予科練生の気持ちを、「予科練膝栗毛」と題し、次のように詩を記している。

予科練膝栗毛

一　当直将校高ラカニ　外出中ノ注意ヲス　天気ハ良イシ気候良シ　大イニ山野ヲ抜渉セン

二　隊門出ルト先ヅ弁当　食ツテ目指スハ土浦市　第一撃ハ保長店　志るこノ山モマタタク間

三　安倍川あん餅取リ寄セテ　ミルク飲ミツツ食ッタ後　口ツ払イニミッ豆ヲ　舌ニトカセテ保長出ル

四　土浦名物何ダロウ　うどんランチニ芋ランチ　天婦羅うどんハ吾妻庵　横丁ニヤ

　焼飯待ッテイル
五　カクテ練公満腹ニ　七ツ釦（ボタン）ヲヤットシメ　海軍道路ヲフーラフラ　ゲップゲップデ帰リユク
六　ガードクグッテ約一丁　タンボニ出ルトガッカリス　一本松ノ背景ニ　居並ブ兵舎ガ目ニ痛イ
七　帰隊スル前モウ一杯　詰メテヤロウト徳島屋　一里ノ道ヲ歩ミ来シ　消費量ヲバ食イニケリ
八　一週間ニ只（ただ）一度　残飯ノ山各卓ニ　日曜日課ノ夕食後　歌イアカシタ七兵舎
九　忘ルナ寝ル前休ム前　月曜カタルノ予防薬　胃散下痢止消化散　明日ノ日課ガ気ニカカル（『阿見と予科練』）。

保長店は、土浦市亀城公園付近にある甘味専門の食堂。徳島屋は阿見新町の食堂で、いずれも「予科練習生指定食堂」の看板を掲げた指定食堂である（図19）。

外出時に持ち出せる小遣いは、一円と決まっていたようだ。また、父兄家族との面会の時に「直接本人に金銭又は飲食物等を与える」ことは「教育上及衛生上の見地より絶対に御断り致可く」と決められていた。このため父兄家族からの送金は、倶楽部が利用されて

図19　「予科練指定食堂」(『土浦海軍航空隊めぐり』より)

いたという。

詩からは、小遣いや送金をもとに、指定食堂を何軒も廻って「満腹」になり、月曜日からの訓練に備え予防薬・胃散・下痢止・消化散を服用する予科練生の姿が浮かぶ。

一〇期生は、入隊時に海軍四等飛行兵として月六円二〇銭、六ヵ月後に進級した一等飛行兵の時は俸給一六円を支給されていた。

一方、一〇期生にとって「ライバルであり、よきパートナー」であったといわれる乙種第一六期生は、一〇期生より約一年早く（一九四一年五月一日）入隊したにもかかわらず、この時は、まだ二等飛行兵のままであった。このため、階級よりも「海軍の釜の飯」を長く食べた方が幅をきかせる海軍で、「飯の数」が少ない者に階級を追い越されることに不満や制度上の理不尽さを感じる者が多かったという。甲種と乙種が反目した原因の一つに、こうした制度上の欠陥があった。

一〇期生の歩み

表1は、土浦海軍航空隊での飛行予科練習生教程を修了した甲種第一〇期生のその後の歩みを示したものである。

一〇期生は、入隊から一年二ヵ月後の五月二四日、予科練教程を卒業し、第三二期飛行練習生として、操縦専修生（前期）は霞ヶ浦海軍航空隊三沢・千歳（ちとせ）両分遣隊に、偵察専修生（前期）は大井海軍航空隊に入隊した。

操縦専修生の飛行練習生教程は、前期（初歩教程）と後期（実用機教程）に分けられる。前期は、霞ヶ浦航空隊の三沢・千歳両分遣隊において九三式中間練習機による操縦基礎訓練である。

後期は、宇佐海軍航空隊（艦上爆撃機・艦上攻撃機）と徳島・松島・宇佐（築城（ついき）分遣隊）・佐世保（大村分遣隊）の各海軍航空隊（以上、戦闘機）で行われた実用機による訓練で、俗

<table>
<tr><th colspan="5">飛　練</th><th rowspan="3">員数</th></tr>
<tr><th colspan="2">初　歩　教　程</th><th colspan="3">実　用　機　教　程</th></tr>
<tr><th>943年５月
2期操縦・偵察</th><th>1943年７月
33期偵察</th><th colspan="2">1943年11月
32期操縦・偵察</th><th>1944年２月
33期偵察</th></tr>
<tr><td colspan="2" rowspan="3">霞ヶ浦海軍航空隊
三沢分遣隊</td><td>艦上攻撃機</td><td colspan="2" rowspan="2">宇佐海軍航空隊</td><td>80</td></tr>
<tr><td>艦上爆撃機</td><td>81</td></tr>
<tr><td rowspan="4">戦　闘　機</td><td colspan="2">徳島海軍航空隊</td><td>228</td></tr>
<tr><td colspan="2" rowspan="3">霞ヶ浦海軍航空隊
千歳分遣隊</td><td rowspan="3">松島海軍
航空隊</td><td>宇佐海軍航空隊
築城分遣隊</td><td rowspan="3">120</td></tr>
<tr><td>佐世保海軍航空隊
大村分遣隊</td></tr>
<tr><td>仙台の民間飛行場</td></tr>
<tr><td colspan="2">大井海軍航空隊
上海分遣隊</td><td colspan="3" rowspan="2">実　施　部　隊</td><td>251</td></tr>
<tr><td colspan="2">大井海軍航空隊
青島分遣隊</td><td>248</td></tr>
</table>

に延長教育と呼ばれた。

艦上爆撃機（艦爆、二人乗り）は四五度以上の角度で急降下をしながら爆弾を落とす機種。艦上攻撃機（艦攻、三人乗り）は水平飛行から爆撃や雷撃（魚雷攻撃）を行う機種である。雷撃の場合、敵艦の約三〇〇メートル手前から魚雷を投下した。敵の対空砲火に接近することや、鈍重な機体ゆえに、撃墜される確率が高かった。これに対し、零戦（ゼロせん／れい）に象徴される艦上戦闘機（一人乗り）は、空中戦を行い、敵機の撃墜を主任務とする機種である。

表１　甲種第10期生の歩み

教　　程	予　科　練	
	1　学　年	2　学　年
入隊年月	1942年４月	1942年10月
操　　縦	土浦海軍航空隊	土浦海軍航空[illegible] 三重海軍航空[illegible]
偵　　察	土浦海軍航空隊	土浦海軍航空[illegible] 三重海軍航空[illegible]

（『散る桜　残る桜』をもとに作成）

一〇期生の練習機教程の修了予定は一一月末であったが、第一戦への航空機要員の充足が間に合わないため、一部は急遽繰り上げ卒業となり、一一月一日、海軍二等飛行兵曹に任官するとともに、宇佐・徳島・松島・佐世保の各海軍航空における実用機教程に進んだ。

この時期、海軍の航空部隊はガダルカナル、ソロモン方面の消耗戦でベテラン搭乗員を多数失い、深刻な搭乗員不足に見舞われていた。こうした情勢を受け、第一航空艦隊が再編される。航空艦隊といっても航空母艦や戦艦などをもっていたわけではなく、訓練は第一航空艦隊所属の四つの海軍航空隊の練成基地で行われた。

この結果、実用機教程に進んだばかりの一〇期生操縦専修者は、わずか一ヵ月間の訓練だけで、四つの航空隊に配属されることになる。各航空隊の先任搭乗員が零戦に乗って一〇期生を受け取りに来た時の状況は、「ほとんど拉致せんばかりの有様」だったという。

徳島海軍航空隊で実用機教程を受けていた戦闘機専修二二八人は、一九四四年一月、第二六三海軍航空隊（通称「豹（ひょう）」部隊）に配属された。司令は玉井浅一少佐。後に神風特別攻撃隊を編制した第二〇一航空隊の副長となり、神風特別攻撃隊員を指名した人物である。

本来ならば、この二二八人は、第二六三航空部隊の練成基地である松山で、六ヵ月間の実用機延長教育、さらに半年間の実戦訓練を受けるはずであった。

予科練特攻隊の原風景

しかし、アメリカ軍の中部太平洋方面への「息つく暇もない怒濤の進撃」が始まったため、一〇期生操縦専修者の実用機教程は一月二九日で修了する。こうして「豹」部隊に配属された一〇期生は、「訓練半ばで、祖国をあとに前線へ出撃していった」。

玉井中佐は、雛鳥であった十期生を引きつれて、硫黄島→グアム→ペリリューなどと中部太平洋方面を転戦してきたのである。訓練半ばの搭乗員を手駒にして、最も練度が高いといわれている機動部隊（空母）を相手にした指揮官も難儀であったろうが、十期生はそれ以上の辛酸をなめた。当然、犠牲も多かった。しかしこのときの十期生の旺盛な士気は、玉井中佐の脳裡に深く刻みこまれ、神風特攻の嚆矢として十期生が選ばれた一番の要員になった（『散る桜　残る桜』）。

一〇期生が最初の神風特別攻撃隊の隊員に指名された背景には、こうした歴史があったのだ。

一九四四年一〇月一九日、第二〇一航空隊玉井浅一中佐のもと、零戦に二五〇キロ爆弾を搭載した爆装戦闘機で、一機一艦を葬る体当たり攻撃隊である「神風特別攻撃隊」が編制された。

『神風特別攻撃隊』では、玉井はこの時の「感激」を、後に次のように述べていたと書かれている。

集合を命じて、戦局と長官の決心を説明したところ、感激に興奮して全員双手をあげての賛成である。かれらは若い。かれらはその心のすべてを私のまえでは言いえなかったようすであるが、小さなランプひとつの薄暗い従兵室で、キラキラと目を光らして立派な決意を示していた顔つきは、いまでも私の眼底に残って忘れられない。

玉井は、「感激に興奮して全員双手をあげての賛成」と受け止めている。だが、その場にいた一〇期生の回想にもとづく、別の記述もある。

「いいか！　貴様たちは、突っ込んでくれるか！」という玉井の言葉に、一〇期生は「言葉を失ったままでいた」。「体当りという異常な戦法」がいままさに実施されようとしている気配に「皆シュン」となっていた。すると、玉井中佐が一〇期生たちを叱りつけるように大声でいった。「行くのか、行かんのか！」。その大喝に、全員が反射的に手を上げた。それは、「全員双手を上げて賛成した」というのではなく、不承不承手を上げたという恰好であった（『敷島隊の五人』）。

特攻を指名する玉井と指名される一〇期生。双方の受け止め方は相当異なることがわかる。

『散る桜　残る桜』では、特攻作戦に対する批判的な記述が何ヵ所か散見されるものの、「十期生が、予科練史上でも特に優秀な資質と、類稀れな士気を持ちながら、あらゆる悪条件のもとで、最も戦力が充実した米軍に立ち向かい、不本意な戦いに終始し」、「十期生を雛鳥から育て満を持して機を待っていた玉井浅一中佐が、撃滅せよと、祖国日本の運命を、その子「十期生」に託したのが、第一神風特別攻撃なのである」といった文章が多い。同期生による戦後の記述は、一〇期生と玉井中佐の「結びつき」と、特攻隊員としての士気と誇りが強く滲み出た表現となっている。

「空の荒鷲」に憧れて土浦海軍航空隊に入隊した時、二年半後に特攻隊員に指名されることを予想した一〇期生は、一人もいないはずである。そうした一〇期生に「祖国日本の運命」を託したのが神風特別攻撃隊であった。

「土空健児の歌」

甲種第一〇期生が入隊した三ヵ月後の七月、「土空健児の歌」（「甲飛十期の歌」）が作られ、事あるごとに歌われたという。「海鷲ノ揺籃

土浦海軍航空隊　絵葉書集」の裏に書かれた「予科練ぶし」である。

一ツトセ　日の本護れと選ばれた　土空健児は国柱　ソイツハ豪気だね　ソイツハ豪気だね

二ツトセ　再び生きて還らじと　故郷よみ父母よいざさらば　ソイツハ豪気だね　ソイツハ豪気だね

三ツトセ　未来の栄誉は顧みず　ひたすら護らん国の空　ソイツハ豪気だね　ソイツハ豪気だね

四ツトセ　世にも名高き筑波山　山麓湖畔の鷲ねぐら　ソイツハ豪気だね　ソイツハ豪気だね

五ツトセ　命知らずの予科練の　陸々短々猛訓練　ソイツハ豪気だね　ソイツハ豪気だね

六ツトセ　無理もヘチマもあるものか　意気と熱とで押し通せ　ソイツハ豪気だね　ソイツハ豪気だね

七ツトセ　成して成らざる事やある　日頃鍛へしこの腕で　ソイツハ豪気だね　ソイツハ豪気だね

八ツトセ　大和男子も散りてこそ　九段に香る桜花　ソイツハ豪気だね　ソイツハ豪気だね

九ツトセ　この身藻屑と消えるとも　留めおかまし大和魂　ソイツハ豪気だね　ソイツハ豪気だね

十トセ　とうとう雛鷲巣立ち征く　やるぞ自爆か体当たり　ソイツハ豪気だね　ソイツハ豪気だね

「命知らずの予科練」に入隊して三ヵ月、「九段に香る桜花」という意気込みは強かったと推測されるが、「やるぞ自爆か体当たり」という意識を、彼らは本当に抱いていたのだろうか。

だが、「土空健児の歌」から二年後、「体当たり」は現実のものとなる。一〇期生は、一九四四年一〇月二五日の第一神風特別攻撃隊敷島隊二人を先陣に、翌四五年六月二二日の第十神風桜花特別隊神雷隊桜花隊一人まで、八二人が「散華」した。

「翼なき」予科練

予科練生の採用数は、一九四一年の約六五〇〇人から、約九〇〇〇人、約四万二〇〇〇人、約一一万七〇〇〇人と急速に増加し、四五年には八月までに約五万九〇〇〇人に及んだ。土浦海軍航空隊の人員は、四四年末の時点

で、教職員約一〇〇〇人、予備学生約二三〇〇人（飛行科予備学生・予備練習生の基礎教育）、予科練生約五万六〇〇〇人の合計約五万九〇〇〇人を数えた。

しかし、戦況の悪化、航空機・燃料など訓練用資材の不足により、すべての予科練生を搭乗員として養成することは不可能となる。そこで、一部の予科練生のみを航空機搭乗員として養成し、大半の予科練生には整備・電信・電測を習得させ、その後搭乗員として養成する措置が講じられた。

一九四五年六月一日、四月一日に入隊した甲種第一六期生を最後に、予科練教育は停止され、「翼なき予科練」の時代となる。予科練生は、本土決戦態勢強化のため、航空・水上・水中特攻要員として特攻部隊に配属転換され、大空に憧れて入隊しながら海に「散華」した者も少なくなかった。このほか、滑空機（グライダー）の訓練、軍需関係地下工場の建設、飛行機の掩体造り、松根掘り、松根油の製造などの作業に従事する者もいた。

土浦海軍航空隊は、航空特攻要員の訓練を実施する部隊となり、敵上陸用舟艇・戦車を攻撃するために試作されていた木製の特攻用滑空機（グライダー）の訓練が行われた。

予科練教育の停止にともない、予科練生の全国規模の移動が行われていた六月一〇日午前七時半、土浦海軍航空隊はＢ29の空襲を受ける。

この日は日曜日だったので、予科練生への家族面会が許され、父兄ら多数が隊門脇の面会所に詰めかけ始めていた。また、練兵場では、水上特攻出発を翌日に控えた甲種予科練生が教官からの訓辞を受けていた。

「総員退避」が拡声器から流れ、隊員たちは防空壕に急いだ。この時、戦闘機Ｐ51は操縦者の顔が見えるほどの低空で飛来し、機銃掃射を浴びせたという。避難用隊外防空壕の一つである隊門西方青宿の鹿島神社境内社殿下の横穴壕にも爆弾が命中、懸命の救出にもかかわらず七九人の埋没圧死者を出した。この空襲後には付近の民家から「すべてといってもいいくらいの雨戸が担架代わりに徴発」され、夕闇せまる頃、死者を戸板に乗せ、「先頭気を付けろ！」と号令をかけながら、四人がかりで死者を法泉寺へ運んだという。夜中になると「助けてくれ」との声がしたとか、「タマセ（ユーレイ）が出る」といった話が、その後しばらく続いたと伝えられている。現在、鹿島神社境内には「土浦海軍航空隊大空襲の碑」が建てられている。

戦死者は士官・予科練生・軍人軍属あわせ二八一人にのぼり、第一練兵場は「二〇〜三〇発もの二五〇キロ爆弾の爆発痕で足の踏み場もないくらい掘り返され通行不能、庁舎左側の第一、第二講堂を始め、庁舎裏の練習生の居住区である兵舎はほとんど焼け崩れてしまった」。

このため特攻部隊は、秋田県北秋田郡上大野村（現北秋田市）大野台に配置転換を余儀なくされ、八月一五日まで訓練を続けた。現在、この地には、「土浦海軍航空隊秋田基地の碑」が建つ（『阿見と予科練』）。

予科練出身戦没者の慰霊・顕彰を目的に組織された財団法人海原会の資料によると、予科練生の入隊者の総数は、予科練制度が始まった一九三〇年以来全国で二四万一八六九人を数え、戦死者は一万九〇九八人という。このうち、甲種第一〇期の戦死者は七七七人、戦死率は七〇・八％に及んだ。

筑波山を仰いで

「筑波隊」の原風景

「鎮魂の碑」

東京都文京区の東京ドームの外周東側二一番ゲート前に、第二次世界大戦で戦死した職業（プロ）野球選手六九人の名が刻まれた「鎮魂の碑」が建っている（図20）。一九八一年（昭和五六）四月に鈴木龍二セントラル・リーグ会長ら有志六人により後楽園球場脇に建立されたが、八八年三月、東京ドームの完成により現在の場所に移された。六九人のなかには、東京巨人軍（現読売ジャイアンツ）の投手沢村栄治（さわむらえいじ）、捕手吉原正喜（よしはらまさき）や大阪タイガース（現阪神タイガース）の強打者景浦将（かげうらまさる）など、戦前の職業野球を代表する投手や野手がいる。

この六九人の職業野球選手のなかで、特攻で「散華（さんげ）」した人物は、朝日軍の渡辺静（わたなべしずか）と名古屋軍（現中日ドラゴンズ）の石丸進一の二人。ともに投手である。

渡辺は、小諸商業学校（現小諸商業高校）の投手で打者としても活躍した。甲子園出場の有力候補とされたが、一九四一年の第二七回大会は全国大会が中止。四三年一月、大阪専門学校に籍を置きながら朝日軍に入団するが、公式戦出場はわずか二試合に終わる。一〇月の学徒出陣により、陸軍に入隊。大学・高校・専門学校などの卒業者から選考・採用する特別操縦見習士官（特操）となり、航空要員としての道を歩む。四五年六月六日、陸軍特別攻撃隊第一六五振武隊隊員として知覧飛行場より出撃、沖縄周辺にて二一歳で戦死した。

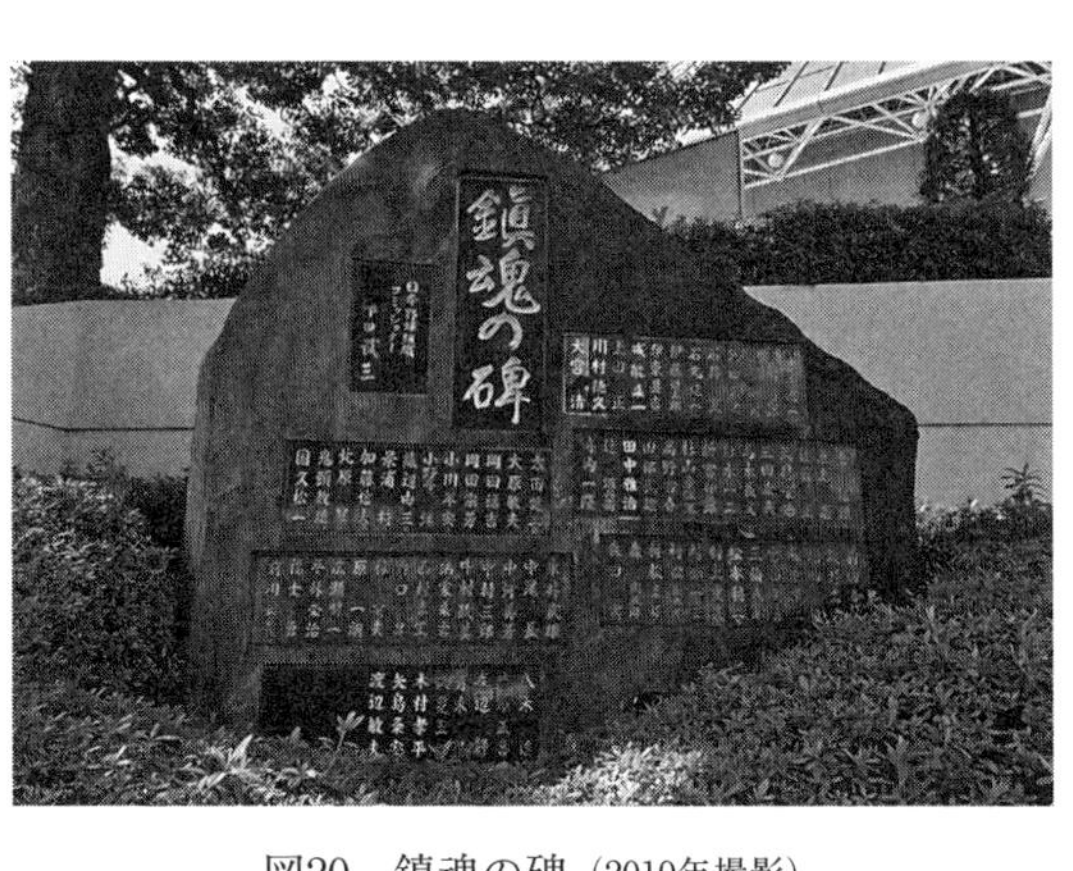

図20　鎮魂の碑（2019年撮影）

一方の石丸については、「鎮魂の碑」の隣に「遺族代表　石丸藤吉」の名で建てられた「鎮魂の副碑」と題する碑文に、以下のように記されている。

弟進一は名古屋軍の投手。昭和十八年20勝し、東西対抗にも選ばれた。召集は十二月一日佐世保海兵団。十九年航空少尉。神風(しんぷう)特攻隊、鹿屋神雷(かのやじんらい)隊に配属された。二十年五月十一日正午出撃命令を受けた進一は、白球とグラブを手に戦友と投球

　よし　ストライク10本

そこで、ボールとグラブと〝敢闘〟と書いた鉢巻を友の手に託して機上の人となった。愛機はそのまま南に敵艦を求めて飛び去った。

　野球がやれたことは幸福であった　忠と孝を貫いた一生であった　二十四歳で死んでも悔いはない。

ボールと共に届けられた遺書にはそうあった。真白いボールでキャッチボールをしている時、進一の胸の中には生もなく死もなかった。

石丸は、佐賀商業学校（現佐賀商業高等学校）を経て、一九四一年春、藤吉と同じ名古屋軍に入団した。翌年から投手として活躍、三年目には二〇勝一二敗の成績をあげた。四三年一〇月一二日には戦前最後となるノーヒットノーランを記録している（図21）。

渡辺と同様、職業野球選手を続けるため、日本大学専門部法律科に在籍していたが、学徒出陣により徴兵召集され（卒業証書の日付は九月三〇日）、一二月、佐世保の相浦(あいのうら)海兵団

に入団。翌一九四四年二月、第一四期海軍飛行予備学生として土浦海軍航空隊に入隊、五月末までの約四ヵ月基礎教育を受けた。さらに鹿児島出水海軍航空隊における中間練習機教程を経た後、九月末に実用機（戦闘機）専修として筑波海軍航空隊に配属された。

一二月一五日、海軍少尉に任官。同時に予備学生でなくなり、呼称が特修学生に代わる。だが、ただちに第一線に送り出すには練度不足ということで、三ヵ月の延長教育が課せられ、谷田部・筑波両海軍航空隊で訓練を受けた。そして、一九四五年二月、筑波海軍航空隊で編制された沖縄特攻「筑波隊」の一員となり、五月一一日、第五筑波隊として鹿屋特攻基地から出撃、沖縄沖で戦死した。

図21　石丸進一

すべての特攻隊のなかで唯一、母隊である航空隊名を冠した神風特別攻撃隊「筑波隊」の原風景は、どのようなものだったのだろうか。

海軍第一四期飛行予備学生

海軍飛行予備学生とは、大学・高等学校・大学予科・専門

学校卒業生で選抜試験に合格し、基礎教程と専門教程の教育を受け、海軍予備少尉に任官した者をいう。任官前後から実用機教程に進み、数ヵ月で一人前の航空機搭乗員となった。

海軍飛行予備学生制度（正確には、第一期から海軍航空予備学生、第九期から海軍飛行科予備学生、第一三期から飛行科専修予備学生）が始まったのは、一九三四年である。大学・高等専門学校から海軍飛行科士官への道が開かれたが、第一線の指揮官は海軍兵学校を出た正規の士官でなくてはならないとする考えが支配的であった海軍においては、その採用数はごく限られたものであった。事実、第一期（六人）から、四一年の第八期までは年平均三〇人以下の少数採用であった。

予備学生の大量採用が始まるのは、一九四二年以降である。この年だけで、第九期から第一二期の約七七〇人を採用。翌四三年になると、九月入隊の第一三期（約五二〇〇人）、一二月入隊の第一四期（約三三〇〇人）と大幅に増加する。搭乗員の予想以上の損耗と予科練生の大量採用により、海軍兵学校出身の飛行学生だけでは初級指揮官が不足したため、予備学生の大量募集が行われたのである。

しかし、石丸たちの第一四期は、それまでの期とは異なり、二つの点で特異であった。一つは志願ではなく、学徒出陣・徴兵召集による採用であること、もう一つは海兵団に入団したことである。

徴兵猶予停止を受けて一〇月末に実施された臨時徴兵検査において、学徒九万九〇〇〇人が合格。そのうち海軍に入る出陣学徒約一万八〇〇〇人が、一二月一〇日、本籍地に一番近い、横須賀第二（武山）・佐世保第二（相浦）・大竹（呉）・舞鶴（まいづる）の四つの海兵団に分かれ、海軍二等水兵として入団した。海兵団とは海軍の新兵教育機関で、陸軍の新兵が各連隊に配属され所属中隊の内務班で古年兵と生活しながら教育を受けたのと同じような基礎教育の場である。

三ヵ月前に入隊した「繰り上げ卒業組」の第一三期が准士官待遇を与えられたのに対し、「学徒出陣組」の第一四期は志願でなく徴兵であった。このため、二等兵から始まる陸軍にあわせ、わずか一ヵ月半とはいえ、海軍最下級の二等水兵として、ジョンベラと呼ばれたセーラー服での生活を余儀なくされたのである。第一三期との教育期間、収容スペースとの関係からとられた措置ともいわれるが、いきなり専修予備学生となり、詰め襟の軍服を着用できた第一三期とは雲泥の差であった。その後に募集された第一五期・第一六期は志願応募となり、海兵団への入団はなくなるから、徴兵のかたちで海軍に入り、水兵を経験せねばならなかった第一四期は、士官要員に兵卒の生活はさせないという海軍教育の方針からはずされた存在であり、その後の命運を暗示しているかのようだ。

海兵団に入団した出陣学徒は、適性検査・身体検査・筆記・口述試験を受け、この成績により、一般兵科の海軍第四期予備学生（砲術・通信・航海・水雷など）、航空機の海軍第一四期飛行予備学生（操縦・偵察・飛行要務）、第一一期海軍主計見習尉官の三つに大別され、厳しい訓練を受けた。

土浦海軍航空隊入隊

翌一九四四年二月一日、第一四期生のうち、操縦・偵察専修の約二〇〇〇人が、第一三期が出た後の土浦海軍航空隊へ、飛行要務の約一三〇〇人が鹿児島海軍航空隊に、それぞれ入隊した（図22）。

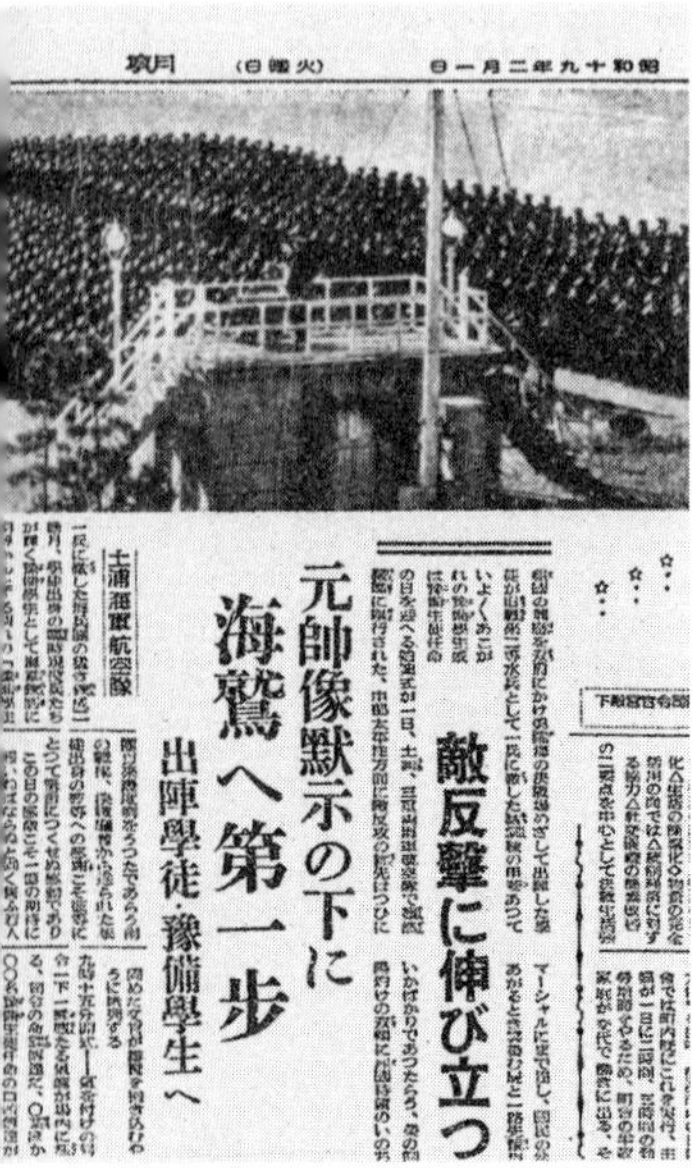
昭和十九年二月一日（火曜日）朝刊

敵反撃に伸び立つ

元帥像黙示の下に

海鷲へ第一歩

出陣學徒・豫備學生へ

土浦海軍航空隊

22　海軍第14期飛行予備学生の土浦海軍航空隊入隊（1944年2月1日付『朝日新聞』より）

第二万七百八十六号

大本営 (21)
木村毅
石井柏亭 画

二月一日　筑波颪に寒風吹き、快晴なるも寒冷なり。体操後、食事。第一種軍装に身を更めて、八時三十分、第一練兵場に整列す。二等水兵より一足とびに予備学生となり、士官待遇を受け、短剣をつり白手袋に新短靴、襟章新しく軍帽に帽章光る。皆、今までの歩き方、その他の態度一度に変りて、重々しき感じあり。我もまた一層の落着きと、新なる覚悟と、自尊心をもって始業式に臨む。（中略）心の隅にて、この姿を母上に一目見せたしとの感あり。また亡き父上にもこの姿を見られたならば、いかばかり喜ばれしことかと残念なり（『あゝ同期の桜』）。

九州帝国大学出身の町田道教は、日記に、このように記している。

「この姿を母上に一目見せたしとの感あり」という想いは、入隊者の多くが抱いたものであったようだ。立教大学出身の折井敏男も、二月一日の日記に、「新聞記者が多数来ていたが、写した写真も今晩の新聞に載ることであろう。家でも皆んな喜んで見ていることと思うと、わが身の幸福をつくづくと感ずると共に、これで自分は何も思い残す事はない、立派にいつでもお国のために死ねると、全身にみなぎる緊張感を感じる」（『続・あゝ同期の桜』）と記している。

また、海軍に入団直後の一九四三年一二月一二日、舞鶴海兵団で教班長から「武士道とは」と聞かれ、「桜の花の散か（るが）如く　腹を切る事の出来る人」と答えたと日記に書いた東京農業大学ラグビー部出身の森丘哲四郎は、一二月一四日には教育主任に、「諸子ノ命ハ8月迄ダ　8月ニハ総員戦死」と訓示され、「何タル無上　栄光ヨ　私ハ陛下ノ為ニ死ス事ノ出来ル軍人トシテ教育ヲ受ケテ居ルノダ　一日ヲ大切シテ身ノ修養ヲ忘レズ最大ノ栄光ノ下ニ死ナム」とも記している（『森丘哲四郎手記』）。「戦死」の日が半年後に迫っていることを告げられても、「修養」に励み「陛下ノ為ニ死ス事」を誓っているのだ。

予備学生隊は一四分隊に分かれ、石丸は第二分隊に配属された。「監督さんが、こういう時代だから大学に籍を置いておけといって日大に行かせてくれた。おかげで予備学生として訓練を受けられることにオレは感謝しているよ。土浦のライスカレーは肉がいっぱい入ってうまいな」と同期生に話したという（『海軍第十四期会会報』第一三号）。

土浦海軍航空隊での生活

基礎教程は、士官としての躾教育、軍人精神の涵養に加え、航空力学・発動機・気象・通信など航空関係に重点が置かれた座学、陸戦訓練・短艇（カッター）・初級グライダー・手旗訓練・体操などの実科が中心であった。海軍兵学校生が江田島で三年かける教育を四ヵ月でたたきこまれ、「月月火水木金金」の過酷な訓練が課せられた。分隊対抗の棒倒しは毎週末に行われ、三〇〇人が入り乱れてのすさまじい殴り合いの大乱闘で、けが人が続出したという。

ある学生は、入隊直後の生活を、次のように記している。

二月一日　晴れ、寒し。第十四期飛行専修予備学生の命課を受ける。到着以来、モノを考える暇もない。夕方、煙草盆で力を入れて煙草を喫う。ここは喫煙さえも駆足だ。

二月四日　雨、寒し。課業の予定表が発表された。これで日常生活も規則的になる。

夕食には小皿に節分の豆が二十粒程出た。

二月十二日　曇、暖かし。外套、夏寝巻、ズボン下、夏シャツ三枚宛配給あり。（中略）夜、防空訓練、外套着用を許される。終って雑炊が出た。初めてシラミを捕える。

二月十三日　快晴、暖かし。午前中、糠雨（ぬかあめ）の中で兵舎の引っ越し。机に抽き出しがあって有難いが、ベッドからハンモックになった。午前、軍楽隊の演奏を聞く。軍歌のあとの〝元禄花見踊り〟心地よし。連日の防訓で寝不足、周りの仲間はハリバを服んでいる。

二月十八日　曇のち小雨のち吹雪、大寒。カッター撓漕、雪の中で手足しびれ眠くなる。皆んな黙って漕いでいる。三時間湖上をさまよいやっと上る。分隊長は不機嫌なり（『関東十四期』第五号）。

分隊長の不機嫌は「鉄拳制裁」として現れる。「ことあるごとに「娑婆気（しゃばっけ）が抜けない」或いは「たるんでいる」として、分隊士、分隊長から鉄拳制裁である」（『続・あ、同期の桜』）。

二月一七日、「家庭通信」が許可される。ただし「月五通、葉書　八行以内」であった。

「8月ニハ総員戦死」と訓示された森丘のこの日の日記は、次の通り。

食欲ハ極メテ旺盛　夕食ガ終ルト朝食ガ待チドウシイ　朝ノ課業始メノ進メラッパト共ニ昼食ガ思ヒ出ル　三時間スムト食事　後午(ママ)モ亦同じく課業始デ夕食ガ恋シクナル

本日ノ食事ヲ記ス

朝食　メシ　サトイモノ味噌汁　タクアン　ヲ茶

昼食　メシ　タコ　イモ　コンニャク　タクアン

夕食　メシ　カレイトサトイモノ醤油煮　タクアン　ヲ茶

暖サヲ感ズ　富山ノ三月末ノ寒イ天気ノ日ノ様タ　一昨日ノ残雪ガ煌メイテイル

（『森丘哲四郎手記』）。

予科練生のみならず、飛行予備学生にとっても、三食が最大の関心事であったことがうかがえる。

入隊後ひと月は「怒号、鉄拳、棍棒」の毎日であったようだ。「眼から火花が飛び交う秒単位の行動に追いまくられ、二十四時間、常に隣にいる者とすら、話らしい話をしたのは三日に一回くらいしかなかったのではないか」とは、立命館出身の木下郁夫の回想である（『海軍第十四期会会報』第一三号）。

基礎教程の終わりに適性検査が行われた。この結果、約一三〇〇人が操縦専修、約八〇〇人が偵察専修に決まり、残る約三七〇人が適性などにより地上職の要務にまわった。操縦専修の予備学生は、次の中間練習機教程のため、陸上機操縦専修と水上機操縦専修に分けられ、陸上機は谷田部・出水・第二美保・博多の各海軍航空隊、水上機は鹿島・北浦・詫間の各海軍航空隊に配属された。

各練習航空隊での操縦専修は、九三式中間練習機や機上作業練習機により行われ、その後、九月末に各地の海軍航空隊に配属され、実用機教程に進む。こうした課程を経て、石丸は、戦闘機専修教育を担当する筑波海軍航空隊に配属されたのである。

筑波海軍航空隊

石丸が配属された筑波海軍航空隊は、一九三四年六月二〇日付で西茨城郡宍戸町の国立種羊場跡地や日本国民高等学校耕作地に設置され、八月一五日付で開隊した霞ヶ浦海軍航空隊友部分遣隊が、三八年一二月一五日付で独立したものである（図23）。

宍戸の町は友部分遣隊の設置により変貌した。『いはらき』新聞紙上では、「軍都友部の実現はいよ〱確実性あるものとして地元民を欣舞雀躍させてゐる」（一九三四年三月七日）、「軍都友部の実現はいよ〱近きにありとして、地元一帯は今や新興気分漲り住宅の

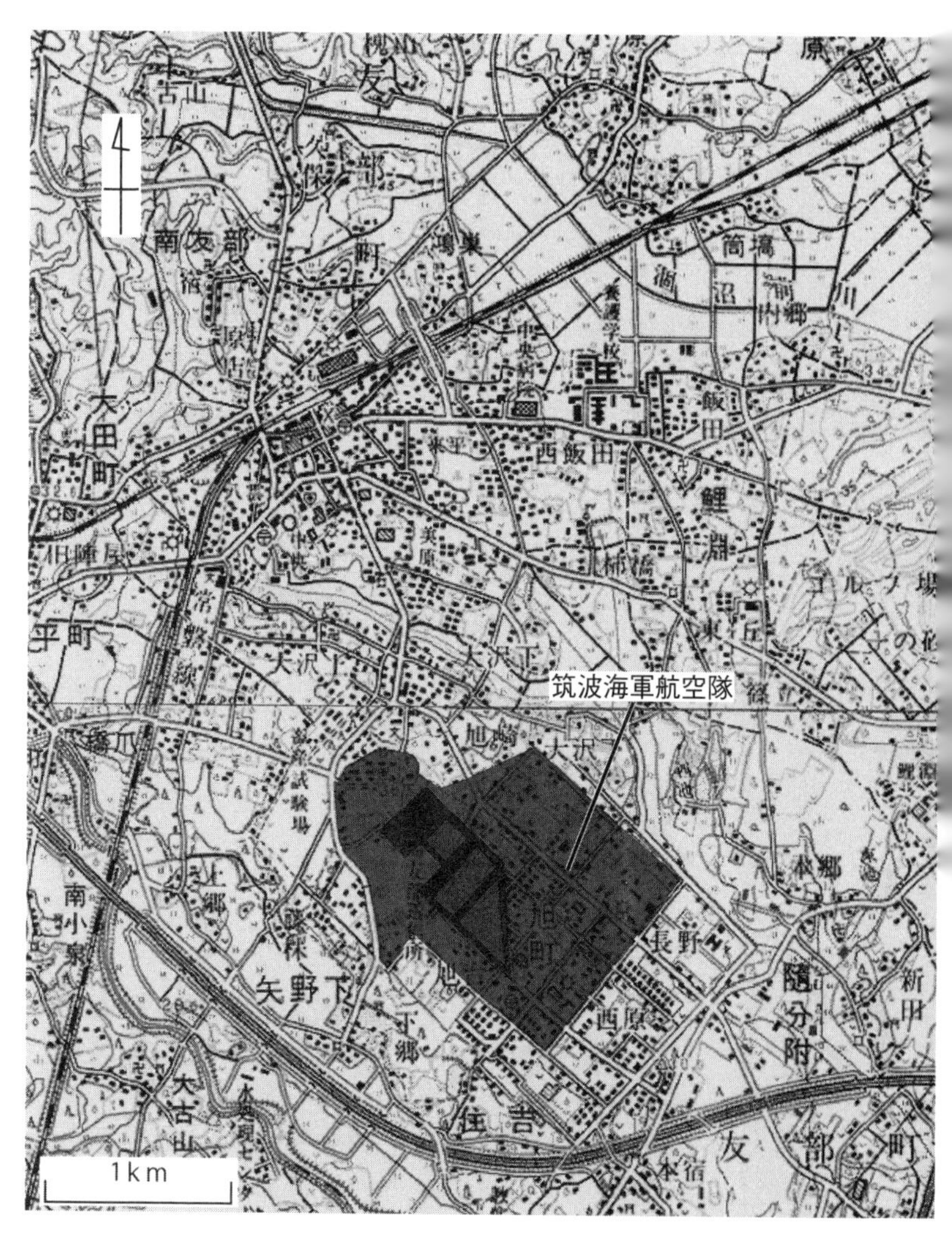

図23　筑波海軍航空隊位置図（2万5千分の1地形図「石岡」「水戸」「真岡」「真壁」平成13年修正版をもとに作成）

新築やカフェーバー等の開業準備など、今や全町をあげて元気充満のていである」（七月二一日）などの報道が続いた。

大沢・矢野下の集落は、飛行場建設にともなう大工・人夫の宿泊地となり、友部駅前の運送業・料理店・旅館は活況を呈し、海軍兵の下宿屋も出現するなど、「宍戸町は一躍軍都としてわき立った」（『友部町史』）。

開隊式が行われた八月一五日早朝六時には「早くも五千余の観衆が殺到」し、正午頃には「既に八千余といふ友部未曽有の人出」で「軍都気分に地元宍戸町民の歓喜は絶頂に達し」たという（八月一六日付『いはらき』新聞）。

友部分遣隊は秘匿部分が少ない練習航空隊であったため、隊員と地元住民との交流を映した写真が多く残されている。一九三六年の海軍記念日には、人気まんがの「ノンキナトウサン」やセーラー服の女学生など隊員が扮する「友空ベロ助幼稚園」の仮装行列が行われ、格納庫内に作られた落下傘降下の実物模型が展示されている。

一九三八年一二月一五日、筑波海軍航空隊が開隊、新たに編制された第一一連合航空隊に、霞ヶ浦海軍航空隊とともに編入され、分遣隊時代の初歩練習機の操縦教程（初練）に加え、中間練習機による中間練習機教程（中練）を担当した。あわせて、同日付で、東茨城郡白河村・橘村に筑波海軍航空隊百里原分遣隊が設置され、一年後に百里原海軍航空隊として独立する。後に桜花隊を擁する「神雷部隊」が置かれた航空隊である。

筑波海軍航空隊が、所在地の宍戸や分遣隊の名称である友部ではなく、「筑波」の名称を掲げたのは、基地から距離的に近く朝夕仰ぎ見ることのできる、しかも全国的に著名な筑波山にちなんでとされるが、真相は定かではない。

国鉄常磐線友部駅より一本道を二キロほど歩くと正門があり、正門奥に司令部庁舎、正門の右手には衛兵詰所や筑波神社があった。敷地は八〇ヘクタールで、三つの飛行場をもった。

石丸が配属された頃の筑波海軍航空隊は、実用機教程を担当する航空隊となっていた。すなわち、半年前の三月一五日、中間練習機教程の飛行隊は福岡県築城基地に移り、代わりに、艦戦操縦要員の実用機教程を受け持つ零戦隊である大分海軍航空隊の飛行隊が配属されていたのである。「鬼の筑波　地獄の谷田部」とうたわれるほど、厳しい飛行訓練で有名であった。

石丸を迎えたのは、「赤とんぼ」ではなく、「零戦」であった。第一四期飛行科専修予備学生戦闘機専修三七〇人のうち、一二〇人が「鬼の筑波」に配属され、操縦訓練が始まった。

「筑波隊」の誕生

一九四五年二月、きたるべき沖縄戦に投入する特攻隊を増強するため、連合航空隊司令部は、四月末までの特攻隊編制を目指し、二月一八日以降に特攻訓練を開始することを、各練習航空隊に下令した。

二月中旬、筑波海軍航空隊員に非常呼集がかかる。中野忠二郎司令から筑波海軍航空隊の特攻参入の説明があり、分隊長が内容を説明して「強制ではない」と付け加えたという。

この時、筑波海軍航空隊で特攻要員の主力と見なされたのが、第一三期・第一四期飛行科予備学生である。実用機教程中の第四二期飛行学生や中間練習機教程中の第四三期も候補となり得たが、特攻隊に指名されることはなかった。

特攻要員への意思表示は、紙片に「望」か「否」（「熱望」を加えた三種ともいう）を書いて提出する方法が用いられた。

特攻を望んでいなかった青戸廣二は、言い渡された「望」「否」でなく、「いずれは戦死する。早いか遅いかの違いだ」と特攻を受け入れるという意味で「諾」と書きたかったが、それは選べず「望」と記入した。未婚・次男・零練戦（零式練習用戦闘機）での離着陸単独トップ（熟練度が高い）と、選ばれやすい条件を備えていた慶応義塾大学出身の柳井和臣は、「逃れられないのなら」と考えて「熱望」と書きこんだという（『戦雲の果てで』）。

では、石丸はどうだったのだろうか。石丸の母方の従弟にあたる牛島秀彦は、『消えた春─特攻に散った投手石丸進一』(同書を原作に演劇が上演され、全編モノクロの自主製作映画「人間の翼」も製作された)のなかで、次のように描いている。

「われわれ予備学生のなかで、一名でも特攻を〝希望セズ〟という者が出たら、それは予備学生全員の恥晒(はじさら)しだ。教官殿は、強制ではなく志望だと言われたが、全員〝熱望〟に○をつけてくれ……」。そう発言したのは、学生長。間もなく、白封筒に入った「特攻志願票」が配られた。

「志願票」は、「(1)熱望、(2)希望、(3)熱望セズ」が、ガリ版で刷りこんであった。進一は、一瞬息をつめてから「(1)熱望」の箇所全体を、大きく○で囲った(『消えた春』)。

はたして石丸の本心がどうだったのかは知る由もない。ただ、「熱望」以外の選択肢を思い浮かべることすら許されない雰囲気が、強く漂っていたことがうかがえる。これが、どこでも見られた特攻隊「志願」の原風景であったと思われる。

二月二〇日付で、特攻訓練の概要と編制が文書化された。特攻隊員に「指名」されたのは、一三期出身の教官一六人と一四期飛行予備学生四八人で、海軍兵学校出身者は皆無である。

こうして、すべての特攻隊のなかで唯一、母隊である航空隊名を冠した神風特別攻撃隊「筑波隊」が誕生する。

特攻訓練

石丸ら特攻隊員たちは、二月下旬、二手に分かれ、鹿島海軍航空隊と北浦海軍航空隊に向かい、地上練習機（シミュレーター）の訓練を受けた。実機での計器飛行を前に、模擬体験による基礎知識を得るためである。

北浦海軍航空隊は、一九四一年一〇月に行方郡大生原村大生・釜谷地区の水田地帯と北浦湖畔を埋め立て建設された鹿島海軍航空隊北浦分遣隊が翌年四月一日に独立したものである。訓練に使用されたスロープ状の岸壁や格納庫の基礎は現在も残り、正午や夕食前などの時間を告げるために鳴らされた「時鐘」は、現在、潮来市立大生原小学校校長室に保管され、卒業式の最後に卒業生が退場する際、一人ひとりが鐘を鳴らして巣立つことが慣例になっている。

三月から零戦と零式練習用戦闘機（零練戦）による飛行訓練が始まる。四月末までの訓練期間中、離着陸八回、編隊七回、計器飛行一〇回、航法五回、特攻攻撃法（降下突入）一〇回、薄暮飛行六回、定点着陸五回をこなす訓練である。飛び立って、敵艦を見つけ、突っ込ませるだけの時間割である。訓練で最も重視されたのが高度二〇〇〇メートルからの降下突入で、飛行場に敷いたT字形の布板的を目指して三〇度の降下をかけ、五〇〇メートルで引き起こすものである。反転するので強い重力がかかり、二〇〇メートルくらいまで降下したという（『戦雲の果てで』）。

特攻隊員の隊舎には、以前銃器庫に使用されていた建物があてがわれた。石丸は、この「神風舎（しんぷうしゃ）」と名付けられた専用の一棟で、五〇人の隊員とともに起居をともにし、特攻の訓練に明け暮れた。訓練期間中、一泊の外出である「上陸」も許された。

神風舎での隊員たちは、飛行科予備学生出らしく娑婆気も多かった。搭乗員のマフラーといえば純白のマフラーと決まっていたが、ここでは各隊ごとに色を変えて、識別を明瞭にしていた。飛行科予備学生出身者だけの特攻隊といい、マフラーによる識別といい、特攻隊多しといえども筑波隊は異彩をはなっていた（『海軍飛行科予備学生よもやま物語』）。

三月二八日付で、筑波隊の改編が行われた。当初四月末を予定していた一四期生の訓練にまだ時間を要するため、すぐに特攻出撃が可能な一三期生を増員し、新たに第一から第五筑波隊が編制された。この五個隊をまず出撃させ、その後に、第六から第一三筑波隊を逐次送り出す方針に改められた。

鹿屋へ

四月一九日
イヨイヨ出撃デス。

皆様ノ御健康ヲオ祈リシマス。

昨晩ノ壮行会ノ「海征かば」合唱ニハ感激シマシタ。同期ノ特攻隊員、総員デ行イマシタ。

午後三時マデ待チマシタガ雨ノタメ出撃ハ明朝〇七〇〇ト更(かわ)リマシタ。今日一日戦友タチト、楽シク歌イ、語リ合ウコトガ出来マス（『あゝ同期の桜』）。

これは、四月二九日に第四筑波隊として出撃、南西諸島方面で戦死した早稲田大学出身の麻生摂郎の筑波海軍航空隊出陣当日の日記である。出陣前日の一八日の「寄せ書き」に、麻生は「皇に捧げまつらん益荒男が　猛き心に散る桜花」と記している（『筑波海軍航空隊』）。

石丸は、四月二六日、ダグラス輸送機で鹿屋の補給基地である宮崎県富高(とみだか)基地に向かう。この時のことを、石丸とともに第五筑波隊として出撃した、東京帝国大学出身の吉田信は、四月二五日の日記で、次のように記している。

夜珍らしく出撃近きを感じて石丸、本田らと共に戯れ乍(なが)ら荷物の整理など為(な)しおれり。

やがて九時も過ぎそろそろ寝ようと思いし頃突然明朝発進の報あり。既に寝に就ける者も慌しく起き出で俄かに活気を呈したり。早速一同集りて指揮官付より注意を承る。第八より第十三筑波隊迄明朝ダグラスを以て出発七二一空に転勤、直ちに南西諸島方面の作戦に従事するなりと。一同直ちに荷物整理に掛る。特修学生の友人来りて手伝う（『続・あゝ同期の桜』）。

これが、石丸の筑波海軍航空隊での最後の夜であった。

しばらく富高基地に滞在した石丸は、四月二九日、愛機に搭乗し鹿屋基地に移転した。五月一〇日、石丸は、鹿屋基地の特攻隊員の宿舎となっていた野里国民学校の校庭で、同じく筑波から特攻隊員として移ってきた、法政大学野球部出身の本田耕一と最後のキャッチボールをした。この時の様子を、海軍報道班文学挺身隊員として鹿屋基地を訪れていた山岡荘八は、「最後の従軍」と題して次のように回想している。

石丸進一少尉は兄と共に職業野球の名古屋軍にはいっていたことがあるとかで、本田耕一少尉と共によくキャッチ・ボールをしていたが、いよいよ出撃の命が下り、司令の訓示が済むと同時に、二人で校庭へ飛び出して最後の投球をはじめた。「ストライク！」今もハッキリとその声は私の耳に残っている。彼等は十本ストライクを通すと、ミットとグローブを勢いよく投げ出し、「これで思い残すことはない。報道班員さようならッ」大きく手を振りながら戦友のあとを追った（一九六二年八月八日付『朝日新聞』）。

冒頭で紹介した「鎮魂の副碑」の銘文は、このエピソードにもとづいている。

五月一一日、石丸は出撃した。かつての第八・第九筑波隊で編制された第五筑波隊の爆装戦闘機九機が鹿屋基地を離陸した。柳井は次のように述べている。

五月一一日未明、第五筑波隊は全員出撃命令を受け、整列。この攻撃隊より七二一空の戦闘三〇六所属となり、新鋭の零戦五二型を使用することで、五〇〇キロ爆弾を装着し破壊力は倍加された。目標は沖縄周辺の敵機動部隊に対する片道攻撃であった。小生も吉田信、石丸進一、諸井国弘、町田道教、森史郎、福田喬、中村邦春の各少尉と一緒のはずであったが、前夜の空襲により使用機が破損し次回攻撃要員となった。「成功を祈る！」「すぐ後で行くから待っててくれ!!」別れの挨拶をし全員勇躍発進した。いつまでも帽を振って見送った。これが彼等特別攻撃隊の最後の勇姿であった（『学徒特攻その生と死』）。

筑波隊は、四月六日に第一筑波隊一七人が沖縄に向け出撃し、全員が戦死した。以降、

図24　海軍第14期飛行予備学生（1944年4月1日，筑波神社前，神栖市歴史民俗資料館提供）

五月一四日の第六筑波隊まで五五人が特攻で「散華」した。さらに、六月二二日、「桜花」を使用した第一神雷爆撃隊七人（筑波隊五人）で最後の筑波隊が出撃する。第一次から第四次筑波隊までは零戦・零練戦で二五〇キロ爆弾、第五次筑波隊から神雷部隊の第七次・第八次筑波隊までは零戦五二型で五〇〇キロ爆弾を積んで出撃したという。第一神雷爆撃隊が全滅した翌二三日、沖縄が陥落する。

図24は、特修学生教程を終えた四月一日、筑波海軍航空隊敷地内にある筑波神社に思い思いの服装で集まった第一四期の四八人である（第一三期出身の少尉が加わっているため正確には四九人）。石丸は後列右から四

人目である。

このうち三〇人が戦死、一人を除き全員が特攻死であった。特攻に出撃したほぼすべての隊員にとって、初戦が特攻であり、初めての出撃が最後の出撃となった。

もう一つの「筑波隊」

「筑波隊」が仰ぎ見た筑波山の向こうに、陸軍の飛行場があった。

西筑波陸軍飛行場

一九四〇年（昭和一五）七月、筑波郡作岡（さくおか）村（現つくば市）と吉沼村（一九五六年大穂町、現つくば市）の約三〇〇町歩の地に開場した陸軍航空士官学校西筑波分教所、後の西筑波陸軍飛行場である。

飛行場の建設は前年三月から始まり、各種団体がモッコ、手押しのトロッコなどを用いて昼夜兼行の勤労奉仕を行った結果、約一年で完成した。飛行場の名称は、作岡村が小字名にちなみ「作谷（つくりや）飛行場」、吉沼村が小字名と「神が立つ」という縁起もかついで「神立（かんだつ）飛行場」と申請した。だが、いずれも採用されず、陸軍が「西筑波飛行場」と決定したという。東西一五〇〇メートル、南北一六〇〇メートルの面積で、滑走路と格納庫鉄骨造三棟、格納庫木造六棟などの格納施設を有した（図25）。

陸軍航空士官学校は、航空兵科の現役将校を養成する教育機関である。ただし、西筑波陸軍飛行場に軽爆撃機（敵飛行場にある航空機や地上軍隊を攻撃する）と重爆撃機（敵飛行場にある航空機や諸施設の破壊、ならびに地上軍隊を攻撃する）の操縦分科が置かれ、陸軍士官学校が使用したのは、第五四期と第五五期（一九四〇年七月～四二年九月）の期間にすぎない。以後、西筑波陸軍飛行場は、挺進部隊の訓練基地となる。

挺進部隊とは、落下傘や滑空機（グライダー）を用いて主力部隊より前方の敵地に進む（挺進）部隊で、落下傘部隊・滑空機操縦・搭乗部隊・輸送部隊などから構成された。

挺進部隊が有名になったのは、陸軍最初の空挺作戦（空挺とは空中挺進の略）が成功した、一九四二年二月一四日のスマトラ島パレンバンへの奇襲落下傘降下作戦である。当初この作戦には、第一挺進団のもとに挺進飛行戦隊とともに編制された挺進第一連隊が参加する予定であったが、輸送船が沈没したため急遽編制された挺進第二連隊が参加した。挺進第二連隊（通称パレンバン落下傘部隊）の果敢な行動は「空の神兵」と呼ばれ、軍歌（高木東六作曲）や映画にもなった。

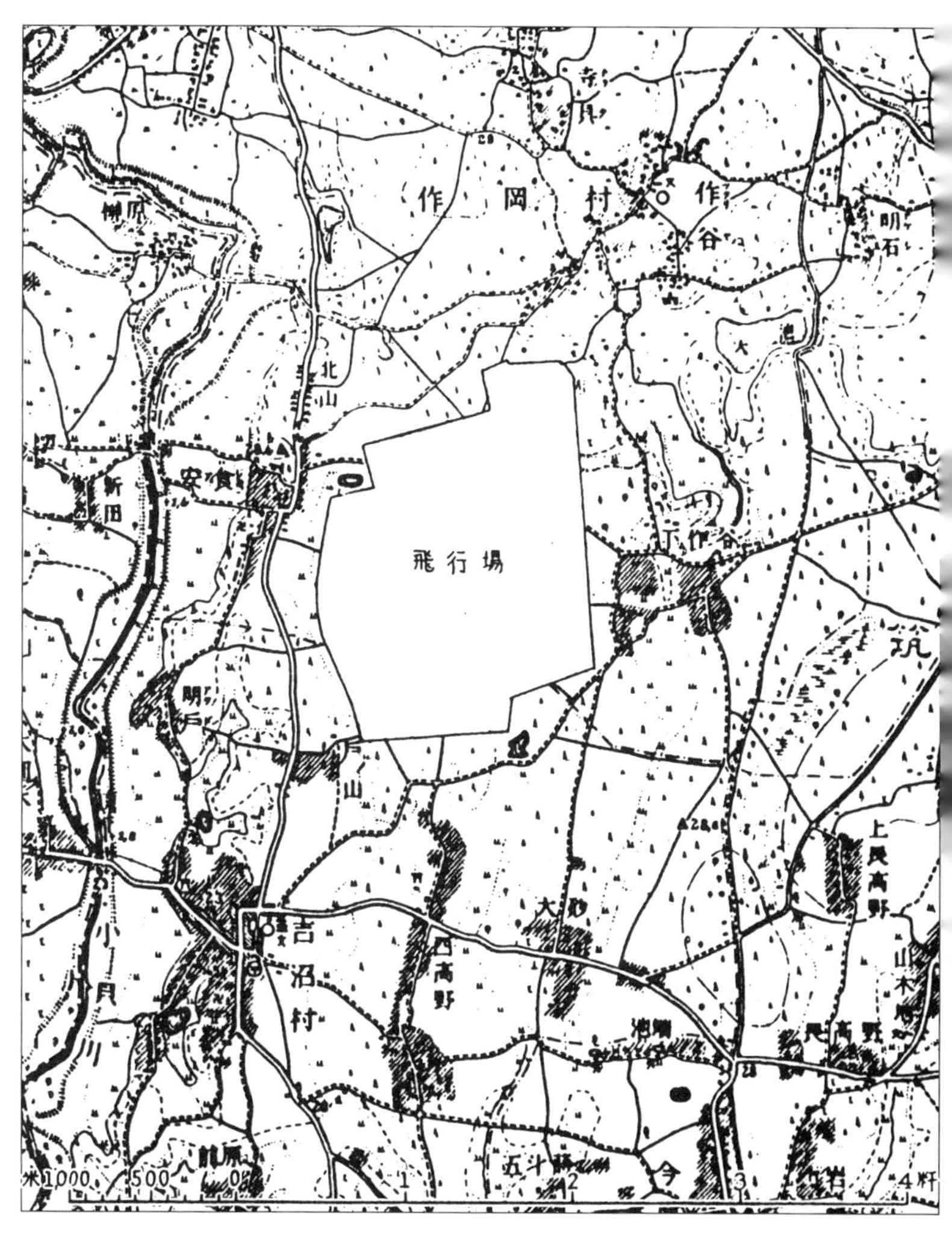

図25　西筑波陸軍飛行場位置図（『陸軍航空基地資料　第一　本州・九州』より，防衛省防衛研究所戦史研究センター所蔵）

図26　陸軍挺進滑空飛行第一戦隊（グライダー部隊）発祥之地記念碑（2019年撮影）

『大穂町史』では、西筑波陸軍飛行場は「パレンバン落下傘部隊の訓練基地」と記されているが、挺進第一連隊が訓練をした事実は確認されていない。西筑波陸軍飛行場に配属されたのは、第一挺進団が内地に帰還した六月頃に設置された滑空機操縦者を育成する滑空班で、一九四三年春頃といわれる。九月一日、滑空班は滑空飛行戦隊、滑空機搭乗部隊を育成する重火器班は挺進第五連隊に再編され、挺進第五連隊も西筑波陸軍飛行場に配属された。一一月二七日、新たに第一挺進集団が編制され、滑空飛行戦隊は滑空飛行第一戦隊（東部一一七部隊）と改称され、挺進第五連隊は滑空歩兵第一・第二連隊、第一挺進戦車隊など九つの部隊に改編され、滑空歩兵第一・第二連隊、第一挺進集団山砲隊、速射砲隊、機関砲隊の五部隊（東部一一六部隊）が西筑波陸軍飛行場に配属されたのである。

こうした歴史のため、西筑波陸軍飛行場は陸軍挺進滑空飛行戦隊発祥の地とされ、飛行場跡地にあるつくば市作岡保育所敷地内には、一九八八年に「戦友会一同」が建立した「陸軍挺進滑空飛行第一戦隊（グライダー部隊）発祥之地記念碑」が建てられている（図26）。

もう一つの滑空隊

実は、筑波山を挟んでもう一つ滑空機訓練所があった。一九四一年六月七日付で新治郡石岡町半ノ木（はんのき）（現石岡市）に開所した大日本飛行協会中央滑空訓練所である。

中央滑空訓練所は、帝国飛行協会（一九四一年一〇月に大日本飛行協会と改称）が皇紀二六〇〇年記念事業として、石岡町半ノ木の原野・畑地に建設したものである。東京周辺で交通の便がよく、一年中使用することができる降雪の少ない平坦地であることから選定された。青年団員・石岡農学校（現石岡第一高等学校）生徒、近隣にある満蒙開拓青少年義勇軍内原訓練所訓練生などの勤労奉仕によって建設され、勤労奉仕の延べ人数は三万二〇〇〇人、土地買収費も含めた総工事費は五二万円といわれる。飛行場・飛行場事務所・格納庫・宿舎・講堂・油庫・修理工場・食堂などの施設と、初級から高級までの各種訓練・練習機二〇機を備えていた（「中央滑空訓練所のこと」）。

六月八日付『いはらき』新聞は、前日に行われた中央滑空訓練所開所式を、「東洋一を誇る中央滑空訓練所開所式　けふぞ輝かしく発足」という見出しを掲げ詳しく報じた。このなかで注目されるのは内藤寛一茨城県知事のコメントで、「国家的に意義深き滑空機訓練所」が「古来東国の名邑として聞え、夙に地方行政の中心たる常陸国府の置かれた」石岡に開設されたことの意義を強調したうえで、「歴史的なるこの地の利と、溌剌たる新人の和と、更に廣古の天の時」が「三位一体」となって「滑空報国に邁進」することを述べている。

全国から選抜された第一期訓練生（六二人）の訓練は、訓練所開所に先立ち四月五日から始まった。六ヵ月の訓練を終えると三級滑空士、四ヵ月後には二級滑空士、さらに六ヵ月後に一級滑空士の資格が与えられた。

滑空訓練所は、一九四二年一一月一日から行われた第一二回明治神宮国民大会で、新たに追加種目となった「滑空訓練」の会場となった。全国から選手約三〇〇人、大会当日には数万人の観覧者が集まり、『昭和十六年石岡町事務事業報告書』には「当町未曽有ノ盛況」であったと記録されている。翌年の第一三回大会では、前年を上回る約四〇〇〇人が出場し、陸軍音楽隊の演奏会や演奏行進が行われ、三笠宮も台覧した。一一月一日付『いはらき』新聞は「神宮体育滑空競技大会　精鋭集ふ半の木台　けふから鵬翼大会開幕」、翌二日は「けふぞ！　待望の神宮体育滑空部大会　国歌〝紫峰〟に谺し」という見出しを掲げ大会を報じた。記事を見る限り茨城県代表の名前は見当たらないが、大会に注目が集まっていたことがうかがえる。石岡町民は親しみを込め滑空機を「グライダー」と呼んだという。

一九四四年三月には、「滑空」と銘打ったわが国最初の単科専門学校である大日本滑空工業専門学校が訓練所のなかに設立された。入学定員五〇人の試験に、中等学校四年終了以上の受験資格をもつ四三九人が臨み、五三人が入学した。滑空や機体製作などの理論研究、週二回の滑空訓練、夏季には鹿島灘で合宿訓練が行われたという。

このように筑波山を挟む形で開設された陸軍挺進滑空飛行第一戦隊、大日本飛行協会中央滑空訓練所・滑空工業専門学校において、多くの若者が訓練や教育に励んだ。

その一人が、西筑波陸軍飛行場で訓練を受けた竹内浩三である。

竹内浩三

竹内浩三は、一九二一年（大正一〇）五月一二日、三重県宇治山田市の大きな呉服商の長男に生まれ、県立宇治山田中学校（現宇治山田高等学校）・日本大学専門部映画科を卒業し、中部第三八部隊を経て、四三年九月二〇日に挺進第五連

図27　竹内浩三（本居宣長記念館所蔵，常陽藝文センター提供）

隊に配属された人物である（図27）。

学校の勉強は全くしないが成績は三分の一以内、手がつけられぬほど陽気でお人好しで、厳粛さになじめず、教練の時に「気をつけ」がかかっても突拍子に笑いだし、ひどい叱りで、運動会はいつもビリばかりだった。そして、幾何は天才と云われ、岩波文庫や新青年の愛読者であり、文芸雑誌の編集者で、漫画の上手な中学生であった

（「『愚の旗』あとがき」）。

この文章は、宇治山田中学校同級生中井利亮が記した中学校時代の竹内である。文中の「文芸雑誌の編集者」とは、在学中に自筆小説・随筆・スケッチ・漫画などを盛り込んだ『竹内浩三作品集』を自作し、同級生を誘って手作り回覧雑誌を発行したことを指す。

竹内は、教練不合格にもかかわらず、一九四〇年四月、日本大学専門部映画科への入学が許可される。だが、四一年九月、大学生の在学・修業年限短縮により、日本大学を六ヵ月繰り上げ卒業となり、三重県の部隊への入営を余儀なくされる。日本大学繰り上げ卒業が迫り入営が決定的になった六月、竹内は、中井ら宇治山田中学校の同級生とかねてから計画していた『伊勢文学』を創刊する。藁半紙のような粗末な紙に自らガリ版を切って刷り上げたものだが、カットや製本には楽しい工夫が凝られ、一一月までに五号を発行した。

『筑波日記』　一九四三年九月二〇日に西筑波陸軍飛行場の挺進第五連隊に配属された竹内は、四四年一月一日から七月二七日まで西筑波陸軍飛行場における生活を一日も欠かすことなく小さな二冊の手帳に書き記した。

コノ日記ハ、十九年ノ元旦カラハジマル。シカシナガラ、ボクガコノ筑波へキタノハ、十八年ノ九月二十日デアッタカラ、約三月ノ記録ガヌケテイルワケデアル。コノ三月ガヌケテイルト云ウコトハ、ドウモ映画ヲ途中カラ見ルヨウデ、タヨリナイ気モスル。ト云ッテ、今サラ、ソノ日々ノコトヲカククコトモデキナイ。ザットカク。

このような書き出しで、「夕方土浦ハ雨デアッタ。北条ノ伊勢屋旅館ヘトマッタ。トオイトコロヘキタト思ッタ」（九月一九日）以降の出来事を「ザット」書いた竹内は、一月一日からの生活を毎日欠かさず記録した。

竹内自身が「筑波日記」と題した二冊の手帳のうち、一月一日から四月二八日までを記

図28　『筑波日記』（本居宣長記念館所蔵，常陽藝文センター提供）

した「筑波日記　冬カラ春へ」と題した一分冊は、ダークグリーン表紙の手帳（ペン・鉛筆書き、カタカナ表記）で、扉に「コノマズシイ記録ヲワガヤサシキ姉ニオクル。ＫＯＺＯ」と書かれているように、竹内が愛した詩人宮沢賢治の作品集（十字屋書店版全集の一巻と推定されている）をくりぬき、四歳上の姉弘の嫁ぎ先に五月二日に送ったものである。

　一方、四月二九日から七月二七日までの「筑波日記　みどりの季節」と名付けられた一分冊は、ダークグリーンの手帳（ペン・鉛筆書き、ひらがな表記）で、中井の家の土蔵から発見された（本居宣長記念館『新規寄贈品目録』第四集）。

　『筑波日記』は、松阪市の本居宣長記念館に所蔵されているが、日記の劣化が激しく、公開・閲覧は制限されている（図28）。

　竹内はこの日記を便所のなかで書いたようだ。「便所ノ中デ、コッソリトコノ手帳ヲヒライテ、ベツニ読ムデモナク、友ダチニ会ッタヨウニ、ナグサメ」（三月一六日）、中井宛の手紙（一九四四年月日不明）では、「これがぼくのただ一つのクソツボ。排泄物はぜんぶここへたまることになっている」と記している。

食べ物の記録

『筑波日記』には、訓練内容をはじめ、休日にはどこに行き、どんなものを食べ、どんなことを感じ、何を思ったのかということが一日も欠かさず詳細に描かれている。とりわけ、中井が「この日記位、その日その日の食物を克明に記したものは見当らない」（「筑波日記について」）と述べているように、日記の大部分は何を食べたかという記述である。特に、外出が許可された日は、食べ物にまつわる記述が多い。

『筑波日記』の初日である一月一日の記述は、次のようなものである。

拝賀式デ外出ガヒルカラニナッタ。大谷ト亀山ト三人デ吉沼へ行ッタ。十一屋（じゅういちや）デテンプラトスキヤキヲ喰ッタ。タカイノデ、ビックリシタ（一月一日）。

十一屋は、吉沼村にある十一屋旅館である。現在、旅館業を営んでいないが現存する。値段が高いと文句を言いながら、天婦羅とすき焼きを食べている。翌二日も出かけている。

十一屋デシバラク火ニアタッテ、宗道（そうどう）マデアルイタ。ウドンヲ喰ッタ。牛肉ヲ二円七十五銭買ッテ、山中サンへ行ッタ。イモト、モチヲゴチソウシテクレタ。牛肉ヲタイテモラッタ。

一四・四〇ノバスデ吉沼ヘカエッタ。十一屋デウドントメシヲ喰ッタ。

十一屋には、休日だけでなく、通常の訓練後も、風呂に入る、飲食をするなどで足繁く通ったようだ。

外出先での飲食は、日頃の空腹を満たすためである。一月七日には「ハラガヘッタニモカカワラズ、夕食ハ、少ナカッタ。アシタハ、外出ヲシテ、ウント喰ワシテヤルカナト、腹ヲ、ナグサメタ」とある。この記述どおり、竹内はよく食べた。二月四日には、「ツガ屋」という料理屋へ行き「フライト、スキヤキト、スダコト、茶ワンムシ」と「スシ」を食べ、さらに「マンジュ屋デマンジュヲタベタ」。竹内は「マンジュ」（饅頭）が好物だったようで、外出先で買い、軍隊内で支給された「マンジュヲタベタ」ことをしばしば記している。

こうした「食べ物」に対する執着心は、竹内自身も意識していたようで、「喰ウコトダケガタノシミトハ、ナサケナイ。外出シテモ、食ベルコトダケニ専念スル」（二月五日）と自嘲気味に記している。

竹内は、吉沼や宗道だけでなく、下妻（しもづま）、下館（しもだて）、石下（いしげ）など近隣町村にも足を運んでいる。「谷田ト亀山ト三人デ外出シタ。途中デバスニノッタ。下妻カラ汽車デ宗道ヘマワッテ二日ニカエッタヨウニシテカエッタ」（一月三日）という記述から、バスもしくは徒歩で宗道まで行き、そこから軽便汽車で下妻に向かうのが休日外出時のルートであったようだ。このなかで最も気に入ったのは「下妻ノ町」で、「下妻ノ町ヲ、ボクハ好キダ」（二月四日）と記し、誕生日の五月一二日には面会に来た友人夫婦とともにミルクを飲み、カツ・テキ・スシを食べ「街をあるきまわっていた」という。

一方で、下館や石下の印象はあまりよくなかったようだ。「下館の町であった。くさったようなうら町であった」（四月三〇日）、「石下と云う町はつまらない町である」（五月二日）と手厳しい。

竹内の素顔

『筑波日記』には、食べ物に関する記述ほど多くはないものの、厳しい訓練のなかでも、数多くの本に触れ、時には詩の創作に励むなど、文芸に関心を抱く竹内の姿も散見される。

空ヲトンダ歌

ボクハ　空ヲトンダ

バスノヨウナグライダァデトンダ
ボクノカラダガ空ヲトンダ
枯草ヤ鶏小屋ヤ半鐘ガチイサクチイサク見エル高イトコロヲトンダ
川ヤ林ヤ畑ノ上ヲトンダ
アノ白イ烟(けむり)ハ軽便ダ
ボクハ空ヲトンダ

これは、竹内が初めて飛行訓練を行った三月一日に書いた詩である。同乗者は「緑色ノベルトノツイテイル落下傘」を着けた一三人。「ヨイ数デハナイ」人数での飛行訓練であった。「コノ、カワイラシイ、ウツクシイ日本ノ風土ノ空ヲアメリカノ飛行機ハ飛ンデハナラヌ」という気持ちを抱きつつ作った詩である。

この日の飛行訓練は、滑空飛行戦隊が滑空機に挺進第五連隊の隊員を乗せて曳航(えいこう)離陸し、北関東一円を飛行後、高度八〇〇(メートル)で切り離して西筑波陸軍飛行場に着陸する訓練であった。「思イガケナイトコロニ、富士山ガ現レ」、「霧ノ中カラ、筑波山ガ湧イテキタ」と記している。

滑空機は離陸の際は車輪を使い、離陸後に車輪を棄て、着陸の際は橇(そり)によった。橇で着陸すると畑地で五〇メートル滑って停まり、若干の灌木程度では搭乗員や搭載物を損傷することなく着陸できた。ただし、日常の訓練では不整地に着陸すると回収できないため、車輪を付けたまま飛行場内に着陸したという（『あ、純白の花負いて』）。

竹内と訓練

竹内は、「空ヲトンダ歌」のほかにも、四月三日に「田園詩」を書いている。周囲の者はこうした竹内の才能を認めていたようで、上官からしばしば「要務」を課せられている。

田中准尉ニ呼バレタ。砂盤戦術ノ、駒ヲツクル用ヲオオセツカッタ（一月二〇日）。

中村班長ニ呼バレテ、妹サンヘノ手紙ヲ書イテクレトタノマレタ。書イタ。ウマク書ケタノデ気持ガヨカッタ。（中略）三島少尉ニ呼バレタ。航空兵キノ原案ヲ文章ニシテクレトノ注文デアッタ（二月三日）。

田中准尉ニタノマレタ地図ヲ書イタ。九州ノ検閲ヲウケル演習場ノ五万分ノ一ヲガリ版デ書クノデアッタ（三月一五日）。

田中准尉にたのまれて、こんど、又変わったアメリカの飛行機の標識をかいた（五月二七日）。

竹内にとってこうした「要務」は、訓練を逃れる格好の理由となった。三島少尉から

「カーチスホーク」という飛行機の画を描くよう命じられた時は「三十分ホドデ書ケタ」が「銃剣術ガイヤデ、事務室デサボ」り（二月二四日）、中村班長から「照準環ノ図」の作成を命じられた時は「カンタンナモノデアッタガ、ナルベク時間ヲカケテ書イタ」（二月二五日）という。松岡中尉から頼まれた「移動式トーチカト云ウ、練習用具ノ設計図」作成の仕事については「オカゲデ風ノ中ノ対空射撃ヲマヌガレタ」（二月二九日）と記している。

もっとも、「要務」がなくとも訓練をサボることも多かった。六月一六日の訓練では「弾薬庫に歩哨していて、ゴロリと横になって寝ていた。これが見つかれば、ただではすまぬ罪になる」、「あとで、このことを人に云ったら、誰も本当にしない。すくなくても二年以上のチョウエキであろう」とも記している。

こうした態度が影響しているのか、ある時、竹内は清野班長から「君はいろんなことをよく知っているかもしれない。頭もよいかもしれない。詩も上手かもしれない。しかし、それが戦場で何のヤクに立つであろうか。こいつは頭がよいから、殺さずにおこうとは云わない。だれかれなく突いてくる。それをふせぎ、ふせぐ前に相手を突き殺すだけのうでまえと気力が、兵隊であれば、なによりも必要なのではあるまいか」と説教され、「ぼくは、兵隊であるからして、その言には一句もない」（五月三日）と素直に記している。

また、七月一七日には、「兵長が、朝めしを喰っているところへきて、宮沢賢治の雨ニモマケズを知っていたら教えてもらえまいかと云ってきた。通信紙に書いてやった」という。竹内は、『雨ニモマケズ』を、二月四日、十一屋旅館の親戚筋にあたる十一屋書店（場所は移動したが、現在も営業している）で、高見順の『文芸雑感』とともに購入し、その日のうちに「三分ノ二ホド」読みふけり、「宮沢賢治ヲ、ココロカラウラヤマシクオモッタ」と感想を記している。

十一屋書店では、織田作之助『清楚』、『宮沢賢治覚え書き』、門馬直衛『楽聖の話』、新潮社新作青春叢書などの書籍だけでなく、鉛筆・ナイフなどの文具も購入し、時にはコーヒーやカルピスを御馳走になっている。常連だったようだ。

竹内の夢

六月一九日、竹内は、満期後は「北海道で百姓をするんだ。牛を飼うんだ。毎朝牛乳を飲むんだ。チーズやバタやす乳を醸るんだ。パンを焼くんだ」という夢を語る谷田孫平に対し、次のように語っている。

おれは、こうなんだ。やりたいことがいろいろあるんだ。

その一つ。志摩のナキリの小学校で先生をする。花を植え、音楽を聴き、静かに詩をかき、子供とあそぶ。

これがおれとして、一番消極的な生き方だ。たまに町に出て、映画など見る。すると、学校の友だちが、その映画で、華々しく動いている。みじめな道を選んだものだ。そう考えて、じぶんを淋しく思うようなことはなかろうか、それをおそれる。

も一つ。南方へ行くんだ。軍属になって、文化工作に自分の力一ぱい仕事をするんだ。志摩のナキリでくすぶっているよりは、国のためにいいことだと思う。おれだって、人に負けないだけ、国のためにつくすすべはもっている。自分にあった仕事をあたえられたら、死ぬるともそれをやるよ。でも、キカン銃かついでたたかって死ぬると云うのは、なさけない気がするんだ。（中略）

孫さん、お前おれの気持ちわかるかな（六月一九日）。

竹内の胸中が揺れ動いていることがうかがえる。下妻の町の「女学校ノ先生ニデモナロウカト、本気デナンドモ考エ」（二月四日）、吉沼国民学校での宿泊訓練で「唱歌室へ行ッテ、オルガンヲナラシテイタラ、子供ガドッサリ集ッテキタ。「空の神兵」ヲヒイタラ、ミンナ、ソレヲ知ッテイテ、声ヲソロエテ歌イダシタ。自分モ歌ッテ、キワメテイイ気持ニナッタ」（四月一三日）という竹内にとって、「国のためにつくすすべ」と想いをもちながら、本当に希望する学校の先生は、戦争という現実の前では「一番消極的な生き方」と認識されている。

竹内と戦争

では、竹内は、戦争にどのように対峙しようとしたのか。

『筑波日記』には、こうした問いに対する竹内の揺れ動く心情が記されている。

四月四日

一体ボクハ、ナニヲスレバヨイノカ。

云ウマデモナイ。忠実ナ兵隊ニナルコトダ。

ナレナイ。

ナレナイトハナンダ。ソレハゴクツマラナイプライドデソウ云ウノダ。

無名ノ一兵卒トシテオワルノガイヤダト云ウ。

無名ノ忠実ナ一兵卒、立派ナコトデハナイカ。

四月一四日

モノゴトヲ、アリノママ書クコトハ、ムツカシイドコロカ、デキナイコトダ。書イテ、ナオ、ソノモノゴトヲ読ンダ人ニソノママ伝エルコトニナルト、ゼッタイ出来ナイ。

戦争ガアル。ソノ文学ガアル。ソレハロマンデ、戦争デハナイ。感動シ、アコガレサエスル。アリノママ写スト云ウニュース映画デモ、美シイ。トコロガ戦争ハウツクシクナイ。地獄デアル。地獄モ絵ニカクトウツクシイ。カイテイル本人モ、ウツクシイト思ッテイル。人生モ、ソノトオリ。

コトガラヲソノママ書クニハ、デキルダケ、ソノコトヲ行イナガラ書クトヨイ。日記ヨリモ、モットコキザミニ、ツネニ書キナガラ、ソノコトガラヲ行ウ。「書イテイル」ト云フ文句ガ一番ソレデアル。

コノ日記ハドウカト云ウト、フルイニカケテ書イタモノデアル。書キタクナイモノハサケテイル。ト云ッテ、ウソハホトンド書イテイナイ。

ウソガナイト云ウコトハ、本当ナコトトハ云エナイ。

六月八日

ぼくのねがいは
戦争へ行くこと
ぼくのねがいは
戦争をかくこと

戦争をえがくこと
ぼくが見て、ぼくの手で
戦争をかきたい
そのためなら、銃身の重みが、ケイ骨をくだくまで歩みもしようし、死ぬることすら
さえ、いとい はせぬ。
一片の紙とエンピツをあたえよ。
ぼくは、ぼくの手で、
戦争を、ぼくの戦争がかきたい。

ここには、「忠実ナ兵隊ニナルコト」を自らに課しながらも、詩人らしい鋭敏な感性で、「ウックシクナイ。地獄デアル」戦争を描きたいと苦悩する竹内の姿がうかがえる。

宇品へ

サイパン島があぶない（六月二八日）。

サイパン島があぶなくて、いつ敵の飛行機が飛んでくるかもしれないと云うので、作岡村の松林の中に、ドラムカンが三〇〇も入る大きなエンタイをいくつもこしらえる。半日それしていた（六月三〇日）。

きょうもエンタイつくりであった（七月一日）。

きょうも、一日エンタイつくりをやって、出来上った（七月二日）。

対戦車肉薄攻撃と云ういさましい演習であった。

ひるから、松林の中で演習していた（七月三日）。

サイパン島陥落が現実味を帯びるなか、飛行機を隠す掩体（えんたい）造りや、戦車に対する歩兵の肉薄攻撃という、「いさましい」どころか、事実上の特攻に近い訓練が実施されたことがわかる。

七月一八日、東条英機内閣が総辞職する。

サイパンがやられ、東条内閣がやめになった。一体これはどう云うわけか。「政治に拘（かか）わらず」と勅諭に云われているし、ぼくは、もともと、政治には、せんぜん、趣味のないおとこで、新聞などでもそんなことは、まったく読んだことがなかったから、そう云うことに口をはさむシカクはないのだけれども、東条と云う人は、あまり好きでなかった。山師のような気がしていた。そして、こんどやめたと云うことも、無責任なことのように思えてならない（七月二二日）。

『筑波日記』には珍しく、時局に対する感想が率直に記されている。

一一月二七日、竹内は、滑空歩兵第一連隊第一中隊に配属され、一二月一日、西筑波陸軍飛行場を離れ宇品に向かう。一二月一九日に門司を出港し、台湾の高雄を経て、二九日にルソン島サンフェルナンド港に到着。その後、中隊は、一九四五年一月、バギオを経て、「ウグ山付近へ転進、そこの戦闘でほとんど全滅」したという（「年譜・戦局と竹内浩三」）。

この間の竹内の行動や消息は不明である。ただし、戦後の一九四七年六月一三日付「死亡告知書」には、「陸軍兵長、竹内浩三」は「昭和二十年四月九日、時刻不明、比島バギオ北方一〇五二高地方面の戦斗に於て戦死」と記載されている（本居宣長記念館『新規寄贈品目録』第四集）。

戦死した日を四月九日とすると、満二三歳と一一ヵ月。あまりに早すぎる「戦死」であった。

竹内は、中井宛の手紙（一九四四年月日不明）のなかで、「ことしのはじめ、日記をつけだしたことを君にしらせた。よろこんでくれ。まだつづけている。手帖いっぱいになるたびに家に送っている。二冊送った」と記している。だから、三冊目の『筑波日記』が存在したことは確かであろう。三冊目は、戦死の直前までの状況が記されたものと思われる。

おそらく竹内は、最後まで、「陸軍兵長」でなく文学青年・詩人として、「ぼくのねがい」である「戦争をかくこと　戦争をえがくこと」を続けたのであろう。

筑波山と特攻隊

「筑波山ヨーソロ」

筑波海軍航空隊をはじめ、霞ヶ浦・百里原・谷田部・土浦の各海軍航空隊や西筑波陸軍歩行場で操縦訓練を受けた誰もが脳裡に浮かぶものに、「筑波山ヨーソロ」（「筑波山宜候」）という言葉がある。

「宜候(ヨーソロ)」とは「宜(よろ)しく候(そうろう)」のことで「まっすぐ進む」という意味である。針路指示のやり取りの際に使用され、操舵員や操縦士が艦長や機長から指示された針路に艦船や飛行機を向け終わった時に「○○ヨーソロ」と報告した。ここから、予科練生が寄り道をせず、まっしぐらに指定食堂や指定倶楽部(クラブ)などに向かう時、ふざけ半分の会話のなかで「○○ヨーソロ」などと使用したという。

この「筑波山ヨーソロ」の思い出について、一九四二年（昭和一七）一二月、筑波海軍航空隊に入隊した乙種第一九期生は、次のように記している。

「只今より離水する。操縦装置から手足を離せ」と命じて霞ヶ浦の湖面を滑走開始。暫く水上滑走してフワリと上昇姿勢をとる。「高度四百米・水平直線飛行、目標前方の筑波山ヨーソロー」と指示してくれた。暫く飛行してから、「操縦を交代する」と命じられた。私は「直線水平飛行高度四百米・筑波山ヨーソロー」と復唱して操縦装置に手足を触れたが、最高の緊張状態の私は、目標の筑波山すら目に入らない。止むを得ず「教員！　筑波山が見えません」と訴えた。ところが返ってきた言葉は、「馬鹿者！　筑波山は下の方だ」との説明に、私は緊張の余り、無意識で操縦桿を引っ張ってしまい、上昇姿勢になってしまったらしい、と気づかされた。慌てて、操縦桿を前に倒す。と今度は筑波山が上方に動いてしまった。僕は操縦桿を大幅に前後に動かしてしまう。突然、「練習生バンザイしろ」と命じられ、操縦桿から手を離した途端、筑波山は定位置に戻った（『月刊予科練』第三七二号）。

また、第一三期飛行科予備学生として土浦海軍航空隊に入隊して基礎教育教程を経て、一九四三年一二月に筑波海軍航空隊に入隊した者は、以下のように回想している。

図29　筑波山での飛行訓練（筑波海軍航空隊記念館提供）

飛行機がすべり出した。いつのまにか、身体が浮き、離陸しはじめた。地面がだんだんと離れていくのがよくわかる。上昇後、まもなく第一旋回にはいり、機首がかたむいて身体がおかしな状態になる。そのような私の状態を察してか、後席より教員から声がかかる。

「ほら、前方の筑波山ヨーソロだぞ」。

やがて第三旋回も、第四旋回も終わったのも知らないうちに、飛行機は着陸の体勢に入っていた。地面が急にせまってくる、と思ったとたん、ガタンと接地する。同時に、またエンジンを一杯にふかして離陸する。

「よく地上をみよ」「左右をよくみよ」

「筑波山ヨーソロだぞ」「変更輪はよい

か」。

あれこれと後席から教員の指示があるが、何をしていいやら、さっぱり見当がつかない。三回目に着陸して飛行が終わり、列線に帰ってきてホッとした（『海軍飛行科予備学生よもやま物語』）。

筑波山は飛行訓練の目印であった。筑波山を目指し飛行し、再び基地内の飛行場に戻る。訓練生にとって筑波山は、飛行技術の上達を自ら体感できる目標であった（図29）。

憩いの山筑波山

一方、『筑波日記』を読むと、竹内浩三にとって筑波山は、「筑波山ヨーソロ」に象徴される飛行訓練の目印というよりも、日々の生活や外出時に眺め、訓練で憔悴（しょうすい）した心身を慰めてくれる山であったことがうかがえる。

二月四日

下妻ノ町ヲ、ボクハ好キダ。タベモノガドッサリアル。火見櫓ヤ、ポストヤ、停車場ガ気ニ入ッタ。コノ町ノ女学校ノ先生ニデモナロウカト、本気デナンドモ考エタ。ガタガタノバスヤ、ゴトゴトノ軽便汽車ガ好キダ。軽便汽車ノ中ノ、ランプヤオ婆サンノ顔ヲ好キダ。女学校ノ校庭ノポプラヲ好キダ。筑波山ヲカスメル白イ雲ヲ好キダ。

外出許可の出た日、「下妻ノ町」に遊びに出かけた時の筑波山である。「筑波山ヲカスメル白イ雲」は、下妻高等女学校（現下妻第二高等学校）と思われる「女学校ノ校庭」から眺めた風景だろうか。

四月三日

飯ガスムト、スグ藤井ト自転車デ出カケタ。キノウ、藤井ガ買ッタト云ウ店ヘヨッテ、野菜パンヲ二ツズツ買ッタ。雨アガリデ道ガ悪カロウト云ウノデ、大穂ヘマワリ、イイ道ニシタ。コノ道デ行クト、北条マデタップリ三里ハアル。流レテイタ霧ノヨウナモノガ、スンズン晴レテイッタ。筑波山ガ、雲ヲカキワケテ出テキタ。

四月三〇日

宗道まで、汗をかいた。

うどんをたべた。

汽車にのった。下妻でおりた。つめたいミルクをのんだ。二杯のんだ。ピカピカのアルミニュウムのコップであった。

黒雲が湧いてきた。突風がきた。稲ヅマが、各所でくだけて、ドロドロ雷神の足ぶみがきこえた。大粒がざっときた。白いほこりを上げて、道路がおののいた。駅までは

図30　西筑波陸軍飛行場跡地から見る筑波山（常陽藝文センター提供）

しった。汽車にのった。夕立はやんでいた。緑の樹々であった。はっきりした筑波山であった。

四月三日と三〇日は、雨上がりや夕立の後に目にした筑波山が記されている（図30）。

五月五日

もう　そこら　みどり葉で　ぼくは　がらがらと　矢車をならし　へんぽんと　いさましい　鯉のぼり　かかげた　筑波山の山ろくで　ぼくの　ことしの　せっく

五月二三日　姉と中井利亮にたよりをした。

キノウ土浦ノ駅ヲトオッタ
ココニオマエガ居ルトオモッタ
ココカラモ筑波ガ見エルトワカッタ
オマエモ筑波ヲ見テイルトオモッタ

オレモオマエモ同ジ山ヲ見ルコトガデキルトワカッタ

五月二三日は、姉の弘と中井宛に出したたよりの内容である。前日の二二日、竹内は射撃訓練で水戸に向かう途中、土浦駅に一時間ほど滞在した。この時、中井は、土浦海軍航空隊に配属されて訓練を受けていた。「ここに中井利亮がいる。そのことばかり考えていた」（五月二二日）という。

中学校の同級生が、郷里から遠く離れた茨城の地で、筑波山を眺めながら、ともに訓練の日々を送っていたのである。

霊のゆくえ

筑波山は、筑波山周辺で訓練に励む、こうした若者たちを見守ってきた。だが、彼らの最後を見とどけることはできなかった。特攻隊員がどこの特攻基地から飛び立ち、どこに向かったのかについては知り得ても、その後の特攻隊員のゆくえ――どのようにして死んだのか――については、見とどけることはかなわなかったのだ。

一九四五年五月、柳田国男（やなぎたくにお）は、連日の空襲警報を聞きながら、「国の為に戦つて死んだ若人」を「無縁仏」にしてはならないと、戦死した多くの若者の魂のゆくえを想って『先祖の話』を執筆した。このなかで柳田は、「霊は永久にこの国土のうちに留まつて、さう遠方へは行つてしまはない」「この国の神にならうとして居る」と述べ、死者の霊は、子孫の供養を受けた後、祖霊となり神となって故郷の山にとどまり、盆や正月には家に戻り、子孫に恩恵を与えると説いた。

だが、特攻隊の多くは未婚で、子孫の供養を受けることができない「国の為に戦つて死んだ若人」である。そうした「若人」の霊は、どこの山にとどまるのだろうか。

それぞれの故郷の山にとどまったのか。九州南部の基地から飛び立った特攻隊員が最後に目にしたという、特攻隊員を見送った開聞岳（かいもんだけ）なのか。それとも、「筑波山ヨーソロ」の山だったのか――。

彼らから答えを聞くことはできない。

北浦湖畔で

陸軍最初の体当たり部隊

鉾田市烟田から大竹に通じる県道の右側に面した広大な畑地、かつて鉾田陸軍飛行学校があった一角に、二〇一八年（平成三〇）一二月まで小さなグラウンドがあった。グラウンドの名前は「美原球場」。戦後、この地に入植した美原開拓団にちなむ名称である。

美原球場

一九四七年（昭和二二）、茨城県農地部開拓課のあっせんにより、この鉾田陸軍飛行場跡地に入植したのは、長野県下伊那郡・新潟県と地元新宮村出身の一五戸。一戸当たり二町歩の開墾地が与えられ、土地はくじ引きで決めた。

一九四九年には長野県出身者の一〇戸が入植し、新宮開拓第一組・第二組となる。飛行場滑走路跡地の地面は固く、茨城県農業会の機械隊が軍用牽引車を使用して耕起してもプラウ（鋤）が土に食い込まず、表面の芝が帯状にはがされる程度であった。このため最初に収穫されたさつま芋は丸くならず、せんべいのように平らだったという。

「美原」という開拓団名は、一九四八年、瑞穂・荒野台・八洲などの候補から「今は荒野原だが、我々の努力で実入りの秋を迎え、実りの美しい原にしたい」という願いから選ばれたとも（「紆曲の六十年―満蒙開拓・美原開拓」）、長野県の美ヶ原にちなむともいわれる（『茨城県史　市町村編Ⅲ』）。

以後、それまで呼ばれていた安塚原・飛行場・開拓に代わり、「美原」という地名が定着した。

鉾田陸軍飛行学校

鉾田陸軍飛行学校は、北浦と鹿島灘に挟まれた新宮村約四〇〇町歩と、上島・白鳥両村約八〇〇町歩（爆撃場）からなる広大な地域に設けられた飛行学校である。浜松陸軍飛行学校の分校として設置されたが、一九四〇年七月一〇日付で独立が決定、一二月一日、鉾田陸軍飛行学校として正式に開校し、軽爆撃機に関する教育と研究を行っていた（図31）。

しかし、戦局の悪化にともない、飛行学校にある戦闘機を用いることや爆撃機も敵艦隊

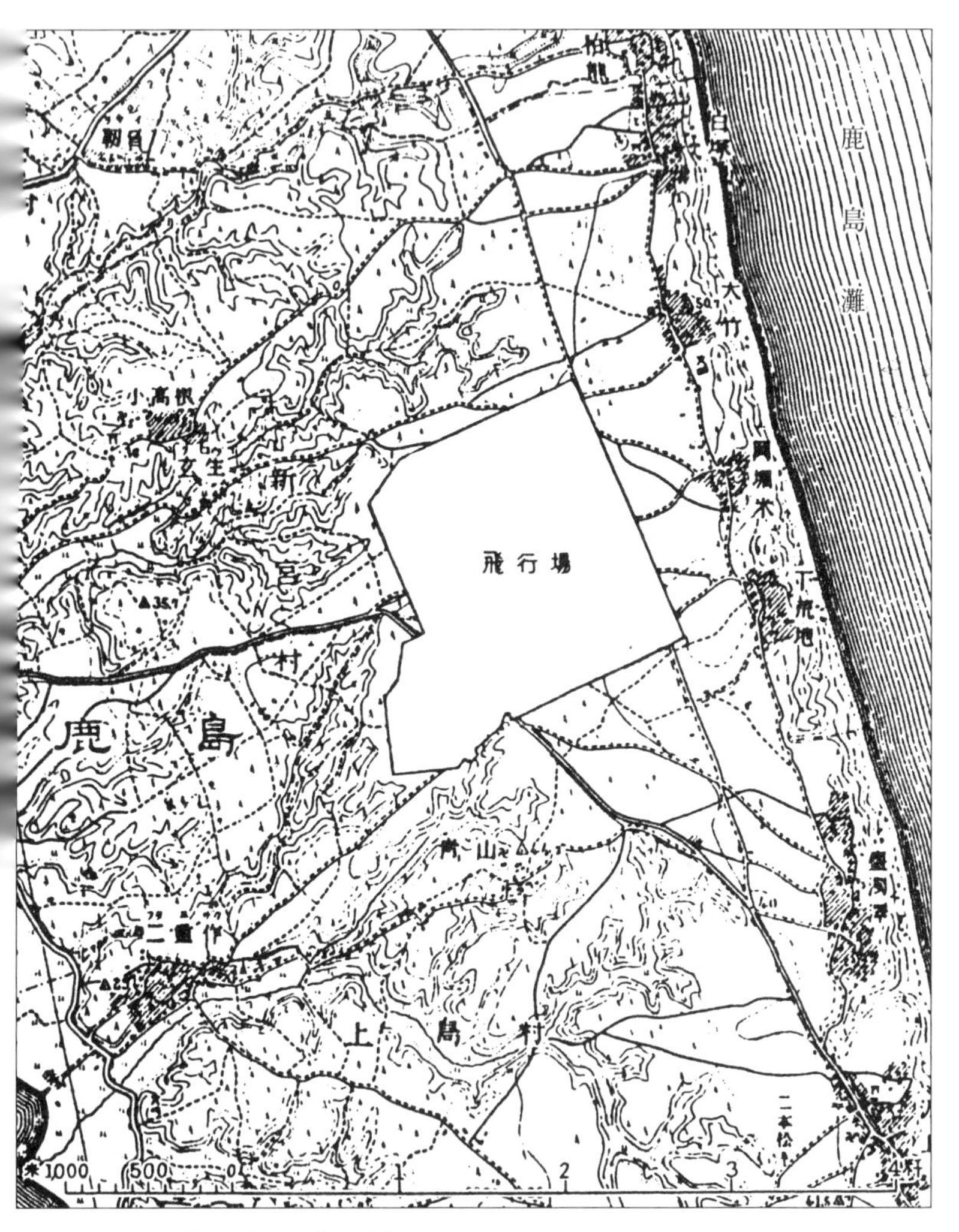

図31　鉾田陸軍飛行学校位置図（『陸軍航空基地資料　第一　本州・九州』より，防衛省防衛研究所戦史研究センター所蔵）

への攻撃に利用することを目的として、飛行学校の教官・助教らによる部隊を編制することになる。こうして、一九四四年六月、鉾田教導飛行師団が誕生した。教育に当たる場合は飛行学校、戦闘をする場合は教導師団と、二つの顔をもつことになったのだ。師団長は学校長が兼任した。

図32　鉾田陸軍飛行学校顕彰碑
（2019年撮影）

現在、鉾田陸軍飛行学校の歴史を物語るものは、美原球場の脇に一九七四年一〇月に建立された「鉾田陸軍飛行学校顕彰碑」だけである（図32）。顕彰碑の「建立の記」には、次のような文章が刻まれている。

> 特攻隊が生まれ訓練の基地となり、我国特攻隊として最初に編成（ママ）された万朶（ばんだ）隊を始め、鉄心（てっしん）隊、勤皇（きんのう）隊、皇魂（こうこん）隊、振武（しんぶ）隊四隊、神鷲（しんしゅう）隊十二隊、外四隊計二十四隊が編成（ママ）された。うち十一隊六十七名が、比島（ひとう）、沖縄及び終戦直前の鹿島灘東方洋上作戦に参加し、特攻散華（さんげ）されたのであった。

陸軍最初の特攻隊である「万朶隊」がこの地で編制されたことを知る者は、現在、ほとんどいない。

万朶隊隊長 岩本益臣

一九四四年一〇月二一日、鉾田教導飛行師団において編制された、陸軍最初の特攻隊隊長――二九日に「万朶隊」と命名――に任命されたのが、岩本益臣である。

一九一七年（大正六）、福岡県築上郡岩屋村（現豊前市）生まれ。陸軍士官学校予科（後に陸軍予科士官学校）・陸軍士官学校分校（後に陸軍航空士官学校、第五三期）を経て、陸軍少尉として浜松陸軍飛行学校で乙種学生として訓練を受ける。岩本が、中国戦線・南洋出張を経て、鉾田陸軍飛行学校教官に着任したのは四四年六月一一日であった。

岩本の足跡の一端は、七冊の「日記」と岩本の死後、鉾田飛行部隊同期生が刊行した『万朶隊長岩本大尉日誌』からうかがうことができる（図33）。

「日記」は、陸軍士官学校予科入学から浜松陸軍飛行学校時代のもので、一九三七年七月二七日から四〇年一〇月九日までが記されている。

一方、『万朶隊長岩本大尉日誌』は、一九四〇年一〇月二五日から四三年九月二九日までの、戦地における二年四ヵ月の生活とその後の鉾田陸軍飛行学校の教官時代のもので、岩本から独身時代の日記を託された同期生が中心となり、戦死から二ヵ月後の四五年一月一日に活版印刷で出版された。表紙は萌黄色、上が濃い鼠色、下が薄い灰色で、その上に白い桜花と花びらが印刷されている。南方の朝の空に万朶――万朶とは咲き乱れる花を意味する――の桜のごとく散った岩本に対する同期生の追悼の意が込められた表紙の意匠である。

岩本は、鉾田陸軍飛行学校教官としての心構えを、一九四三年七月九日に、次のように記している。

図33　『万朶隊長岩本大尉日誌』

> 教育者は被教育者に対して絶対に危懼の念を抱かしむべからず。之が為自己の腕と周到なる教育準備と研究に加ふるに創意と被教育者に十分納得の行く明解を与へ得る所謂「コツ」を把握し非ざるべからず。
> 感情にはしるは最もいましむべき事なり。

　率直淡白に理否（ママ）を研討（ママ）すべきなり。
　各方面より又あらゆる状況を考慮し之に即応し得るの準備を必要とす。

第一戦にたつ戦闘機操縦士としての研磨を重ねながら、熱意をもって後進の指導に当たる岩本の人柄が偲ばれる記述である。

跳飛爆撃

鉾田教導飛行師団では、岩本が中心となって跳飛爆撃の実験が行われていた。跳飛爆撃とは、航空機で攻撃目標の手前に爆弾を投下し、爆弾を水面低く跳ねさせて目標に激突させる爆撃法である。水面に向かって石を横投げにすると、幾段にも跳ねて飛ぶのと同じ理屈で、海軍では反跳爆撃、陸軍では跳飛爆撃といわれた。

一九四四年四月中旬、浜名湖で跳飛爆撃の陸海軍合同演習が実施され、九九式双発軽爆撃機で二五〇キロ爆弾、一式陸上攻撃機で一〇〇キロ爆弾による実験が行われた。攻撃法は高度約一〇〇〇メートルから急降下して、低空を水平に飛んで投下するというもので、投下時の速度は時速約四〇〇キロといわれた。これを機に跳飛爆撃の研究が急速に進められた。

跳飛爆撃の長所は、陸軍現用機のほとんどが実施可能であり、敵の懐に飛び込む時に途中の機動経路を自由に選択できる点にあった。これに対し欠点は、爆弾衝突時の速度がほかの攻撃法に比べて遅く、重装甲を貫徹できないこと、飛行機の行動を軽快、優速に保つため、大重量の爆弾を装備できないことであった。それは「攻撃の成果に重大な疑念を抱かせるもの」であった（『陸軍特別攻撃隊史』）。

岩本はこの跳飛爆撃の第一人者といわれ、一九四四年七月に相模湾真鶴（まなづる）岬で行われた航空本部主催の最初の合同演習では「百発百中に近い」最優秀の成績を収めていた。

鉾田教導飛行師団では、岩本の指導のもと、北浦を演習場にして、大発動艇（大発）が曳くいかだの上に造られた仮想の艦体を目標に跳飛爆撃の訓練が行われた。

陸軍少年飛行兵

八月二日、鉾田陸軍飛行部隊に入隊した四七人のなかに林健太郎という人物がいた。一九四一年一〇月、東京陸軍航空学校（北多摩郡東村山村）に入学した第一三期陸軍少年飛行兵である。

陸軍少年飛行兵（少飛）は、中学校もしくは小学校高等科から受験し、東京陸軍航空学校で一年間の生徒（基礎）教育を受けた。その後、適性に応じて操縦・整備・通信に区分され、熊谷（くまがや）（大里郡三尻村）・宇都宮（芳賀郡清原村）・所沢（入間郡所沢村）陸軍飛行学校などの上級校で二年間の少年航空兵教育（一九四〇年四月から一年に短縮）を経て、各教育飛行隊で各分科戦技教育四ヵ月、隊付教育二ヵ月を終わって伍長に任官した。入校後、三年で陸軍の新しい操縦者が誕生する仕組みであった。

この時期、陸軍少年飛行兵の教育も拡充されていた。一九四三年四月、東京陸軍航空学校は東京陸軍少年飛行兵学校に改称され、新たに大津陸軍少年飛行兵学校（滋賀県大津市別所）が開校した。あわせて、少年飛行兵学校（基本校）を経ずして、直接、専門教育課程（上級校）に入校し短期間で専門技術を習得する「乙種生徒（短期速成）制度」も新設された。教育課程の短縮によって急速な戦力化が図られたのである。

第一三期生は、一九四二年九月二八日に東京陸軍航空学校を卒業する。九月二〇日の航空記念日には郷土訪問飛行が実施され、「君こそ次の荒鷲（あらわし）だ　来れ・続け、我等の大空」と書かれた「陸軍少年飛行兵募集」のビラが機上からまかれた。翌一〇月一日、操縦は熊谷・太刀洗（たちあらい）・宇都宮、通信は陸軍航空通信学校、整備は陸軍航空整備学校に入校、エンジンの分解組立・航空通信の実技・グライダー訓練などの基礎教育を八ヵ月受けた。

一九四三年六月一日付で少年飛行兵に採用（陸軍上等兵）。同時に教育隊に編入され、操縦校では中間練習機での訓練が始まり、特殊飛行・編隊・航法などの訓練・教育を受ける。翌四四年三月、少年飛行兵教育を修了。兵長を命じられて、各教育飛行隊に配属された後、六月から順次、錬成飛行隊に転出し、第一戦機の修得訓練に入った（『陸軍少年飛行兵史』）。

こうした過程を経て、林は「軽爆隊操縦者タル戦技修習」のため鉾田陸軍飛行部隊へ入隊したのである。

鉾田での飛行訓練

表2は、林健太郎が『日記』に記した飛行訓練・学課・行事などをまとめたものである。

飛行訓練は、入隊翌日から始まった。「初メテ飛上リ飛行場付近ヲ見ル　西ニ関東ノ平野ヲ望ミ　東ニ太平洋ノ怒濤ヲ見ル　太平洋ノ波モ我ガ友ナリ　否　我ガ墓所ナランヤ」という感想を記している。

飛行訓練は、八月から一一月まで、毎月一〇回前後行われたようだ。訓練内容は、急降下爆撃・編隊飛行・計器飛行・薄暮飛行・払暁飛行・跳飛爆撃などで、跳飛爆撃は一〇月に集中して実施されている。

編隊飛行は三機ないし四機で編隊を組んで飛行する訓練で、編隊飛行ができるようになると一人前といわれた。計器飛行とは、操縦席の外側に丸いほろ（布）をかぶせ、外を見ずに高度計・水平儀・昇降計などの計器だけで操縦する訓練である。雲に入ったり、雨が降ったり、夜間飛行など地形が見えない状況のなか安全に飛行するための訓練であった。海上飛行に慣れていない陸軍機の搭乗員にとって、広大な海原を目印なしに飛ぶことは容易ではなかったと思われる。

飛行訓練で特筆すべきことは、訓練事故の多さである。八月から一一月末までの四ヵ月で、事故により四人が死亡し、破損した航空機は十数機に及んでいる。

八月一二日の飛行演習で発生した三機の破損事故は、「操縦上ノ故障カラ場外ニ不時着」し「機体大破」、「着陸後尾輪ヲ破損」、「車輪ヲ折ツテ翼端ヲ地ニ付ケタ」もので、最初の事故に関しては「此ノ故障デ操縦者軽傷トハ考ヘラレヌ」と記している。事故の多く

出来事など
入隊・訓練開始（2日） 飛行演習で3機が破損（12日） 同期2人事故死亡（26日） 着陸操作不良，場外へ飛出（29日）
週番に服務 地上での事故連発 飛行機の破損数度 同期13人第一線戦隊へ転属（23日）
演習中事故，人員無事（10日） 部隊に下命，フィリピンへ（20日） 事故同期生負傷（29日）
事故2人殉職（7日） 部隊から12名転属（11日） 同期6人含む第二次八紘隊出発（24日） 同期5人含む八紘隊第○隊出発（29日）
八紘隊参加の内命（2日） 同期主力，転地訓練に出発

表2　鉾田陸軍飛行部隊での訓練

月	飛行訓練回数・事項	学　課	行　事　な　ど
8月	飛行訓練10回 急降下爆撃（24日・25日・30日）	整備・器材取扱 操縦学 運動	大詔奉戴式 内務検査 講話:「敵空軍の不時着に対する科学する心」について 講話:「支那に於ける航空部隊軽爆隊の活躍」について
9月	飛行訓練12回 急降下爆撃（1日・13日） 編隊飛行（6日・14日） 計器飛行（22日） 標灯着陸（22日） 薄暮飛行（24日・27日・29日）	体育 整備・機関教育	大詔奉戴式 内務実施及び検査
10月	飛行訓練9回 計器飛行（15日） 払暁飛行（10日） 編隊飛行（10日） 跳飛爆撃（17日・18日・26日）	照準眼鏡の取扱・機能 南方航空気象 南方衛生	大詔奉戴式 慰問演芸 映画「君こそ次の荒鷲だ」 雲および空中射撃に関する映画
11月	飛行訓練10回 編隊飛行（7日） 払暁飛行（7日・8日） 地上滑走（6日・27日） 基本航法（19日） 応用航法（航法計画）（29日）	発動機取扱	大詔奉戴式 映画「花子さん」「姿三四郎」他
12月	飛行訓練の記述なし 空輸（4日・12日）		開隊記念日 慰問演芸 映画

（林健太郎『日記』をもとに作成）

は、航空機の整備不良と操縦技術の未熟さにより生じたものであった。

八月二六日、同期生「四十七士」から初めての殉職者が生まれた。「幾多先輩ノ尊イ血潮ヲ呑ンダ魔ノ海」「太平洋ノ魔濤」が「我等ノ戦友」の命を奪う事故が発生したのである。二人の殉職に対し、「我等ハ此ノ死ヲ悲ムベキニ非ズ　此ノ死ヲ無ニシテハナラヌ」「殉ジタル戦友ノ骨ヲ待ツテ仇敵ノ必滅ヲ期サン」という決意を記している。

本来は「我ガ友」である「太平洋ノ波」も、時には「墓所」となったのである。

万朶隊誕生

万朶隊の編制

一九四四年（昭和一九）一〇月二〇日、鉾田教導飛行師団長（鉾田陸軍飛行学校長）今西六郎より体当たり部隊の編制が命じられ、翌二一日、岩本益臣大尉以下の一六人の隊員が発表された。

跳飛爆撃の名手である岩本が、操縦者と飛行機を一回限りで失う極端な消耗戦法に反対していたことは、師団長をはじめとする士官たちにはよく知られていた。事実、『戦史叢書　比島・捷号陸軍航空作戦』における「万朶隊の編成（ママ）と比島派遣」の項でも、「大尉は特攻には反対であった。その考えを多くの人に語っていたといわれている。彼はベテランのパイロットであり、通常の攻撃で戦果を挙げ得る自信を持っていたのであろう」と書かれているほどである。

だが、岩本は万朶隊長に指名された。二二日、万朶隊はフィリピンに向け、鉾田飛行場を出発する。この間のことを、林は、次のように記している。

十月二十日　金曜日　天候　晴

天候ハ晴　午前羅鍼盤修正ヲ行フ　突然

当部隊ニ◯◯ガ下命サレ　午後ノ飛行演習モ中止　飛行機ハ直ニ全機武装出動準備

意外ナル事ニ我等ノ演習モ支障ヲ来シタリ

サレド演習以上ニ情況ハ急迫シテイルヤモ知レズ

十月二十一日　土曜日　天候　雨後曇

部隊一部◯◯ハ比島進出ノ準備ニ著ク

我等ニ大命未ダ下ラズ　只々腕ヲ撫スノミ

雨　演習モ出来ズ　南方気象　南方衛生ノ講話アリ

一日モ早クト焦ルハ　一人我ノミナランヤ　全員ノ願フ所ナリ

今迄ノ幾多ノ激シイ訓練モ　之カラ発揮スルノダ

訓練途上ニテ殉職ヲ遂ゲタル戦友モ　我等ノ出撃ヲドンナニ待ツテイル事カ

彼等ノタメニモ、我等全力ヲ振ッテ戦フノミナリ

十月二十二日　日曜日　天候　晴

午前　比島へ進出スル　〇〇中隊ヲ飛行場ニ見送ル

日本人ナラデハ乗レザル〇〇ヲ装シタル陸軍僄撃機

将(まさ)ニ見敵必殺ノ気魄ニ燃ユル操縦者　挙手ノ礼ヲ以テ見送ル部隊長閣下

我等ノ若キ血潮ハタギリ立ツ　我等ニモ大命ノ下ラン事ヲ祈ルノミナリ

〇〇中隊ノ健闘ヲ祈リ　併セテ米英撃滅ノ誓ヲ新ニセン

「〇〇ヲ装シタル」とは、九九式双発軽爆撃機の機首に付けられた三本の起爆管である。三(メートル)ほどの細い管で、敵艦に触れると爆弾が炸裂する構造であった。この特攻機が鉾田に到着したのは二〇日であったが、機密事項であったため、林は知らない。この日、初めて目にしたと思われる。

岩本益臣夫人の三日間

では、この三日間、岩本益臣の妻和子は、どのような想いで過ごしたのだろうか。後年、和子は、以下のように述べている。

一〇月二〇日

ちょうど十回目の結婚記念日でした。岩本はその日夜帰宅すると「行くよ」と一言だ

け言いました。私も「わかりました」と一言だけ言いました。

一〇月二一日

朝、すぐに私の実家に電報を打ちました。この日は、岩本と別れを惜しむ暇などありませんでした。もちろん、本人は自宅にいませんでした。近所の方も挨拶に見えました。もう、自宅に帰ってこないと思っていた岩本が、夕方帰ってきました。二階級上の襟章を二つもってきました。そして、だまって机の上に置きました。一つは岩本が使い、もう一つは私に残すためでした。それを見た時、今度は行ったら本当に帰ってこないと思いました。その日の夕飯は栗御飯でした。本人は胸いっぱいだったと思います。でも食べてくれました。

一〇月二二日

岩本は出征の朝、「八時半頃、家の上空を飛ぶから、家で待っていろ。」と私に言いました。バス停まで見送りました。十月末ですから、みんなは秋服ですが、岩本だけ夏服でした。岩本を送ってから、両親と平山のおばさんと私と四人で自宅の前に出て、岩本の飛行機を待っていました。やがて、飛行機が飛んでくるのが見えました。最初の飛行機が「さようなら」を言うように、翼を左右に振りました。たぶん岩本の飛行機だと思います。後ろの飛行機もまねして、翼をふりました（「陸軍特別攻撃隊　万朶隊長　岩本益臣夫人　岩本和子さんを訪ねて」）。

岩本は「関係者を始め、ひそかに伝えきいた地元民らの見送りを受け、約一〇〇〇人の胸に感動を残して鉾田の空を飛び立った」（『茨城県史　市町村編Ⅲ』）。

鉾田飛行場の規程では、離陸した飛行機は必ず東方の鹿島灘の海側に旋回することになっていた。飛行場の西側に、弾薬の集積地があるためである。

だが、岩本は規程に反し飛行場上周を逆旋回し、自宅上空を低空で飛行、翼を二、三回振って別れを告げ、立川飛行場に向かった。この光景は、万朶隊を見送った多くの者に強い印象を残したという。

夫人への音信

一〇月二二日夕、立川・各務原（かがみがはら）飛行場を経て福岡鷹ノ巣（たかのす）飛行場に到着した岩本は、和子宛に五通の手紙を送っている。

一通目は、二二日付で、「出戦に方（あた）りては　身に余る　壮行の夕を辱し　感激一入（ひとしお）なり」「東京の御父母様は勿論九州の父母にも　何の孝行も出来ず　誠に申しわけなく思っています」「二人分の孝要　尽され度　切に御願が（い）します」「明日は上海に向け出発の予定です」などが記されている。

続く三通は、表に「鉾田陸軍飛行学校教官陸軍大尉　岩本益臣」と書かれた名刺にしたためたものである。

村田御父母様

此処ニ着陸シマシタ記念ニ「マスコット」ヲ御送リシマス　御覧下サイ

十月二十三日

和子どの

今度ハ大キナ「マスコット」ヲ送ル　御自愛専

十月二十三日　益臣

（夫人宛）

本日比島に向け出発する　元気旺盛なり　御自愛の程を　御父母様に宜しく

十月二十六日

最後は、岩本戦死後の一二月八日に和子のもとに届いた一〇月二九日付のものである。「其後　御壮健なりや　小生二六日無事比島到着　万朶隊の名を貰ひ　部隊長として大いに張り切っている」という書き出しから始まり、「其の名に恥じざる様　頑張るぞ　何卒御安心下され度」と続き、「しばらく便り出来ぬかも知れぬ　御自愛の程を」で終わって

茨城新聞

昭和十九年十一月十四日　第一版

必死必中の體當り敢行
戰艦輸船を撃沈
特別攻撃隊萬朶隊出撃

大本營發表【昭和十九年十一月十三日十四時】一、我特別攻撃隊萬朶飛行隊は戰鬪機隊掩護の下に十一月十二日「レイテ」灣内の敵艦船を攻撃し必死必殺の体當りを以て戰艦一隻、輸送船一隻を撃沈せり
本攻撃に參加せる萬朶飛行隊員次の如し
陸軍曹長　田中逸夫
同　生田留夫
同軍曹　久保昌昭
同伍長　佐々木友治
右攻撃に於て掩護戰鬪機隊員陸軍伍長渡邊史郎亦敵船に体當りを敢行せり
二、萬朶飛行隊々長　陸軍大尉　岩本益臣
同隊員陸軍中尉　園田芳巳
同　安藤浩
同　川島孝
同少尉　中川勝巳
は攻撃實施數日前敵機と交戰戰死し本攻撃に參加する能はず

大型輸送船九隻撃沈破
神風隊　レイテ灣敵船團攻撃

大本營發表【昭和十九年十一月十三日十七時】神風特別攻撃隊は十一月十二日レイテ灣入港中の敵輸送船團を攻撃し大型輸送船（一萬トン級）二隻を撃沈、同七隻を炎上大破せしめたり

図34　万朶隊の航空特攻（1944年11月14日付『茨城新聞』より）

いる。これが「絶筆」となった（「陸軍特別攻撃隊　万朶隊長　岩本益臣夫人　岩本和子さんを訪ねて」）。

万朶隊の戦果　一一月一二日、万朶隊四機がルソン島から出撃、大本営は翌一三日、「戦艦一隻、輸送艦一隻撃沈」と発表した。

翌一四日付の新聞各紙は、陸軍初の航空特攻を大本営発表の戦果とともに伝えた。

図34は『茨城新聞』（一九四二年二月一日、新聞社の統廃合令により『いはらき』新聞・『常総新聞』・『城南日報』・『関東毎日新聞』を統合し『茨城新聞』と新聞名を変更）の紙面である。

『茨城新聞』は、「必死必中の体当り敢行　戦艦輸船を撃沈　特別攻撃隊万朶隊出撃」という見出しを掲げ、「特別攻撃隊万朶飛行隊は戦闘機隊掩護の下に十一月十二日「レイテ」湾内の敵艦船を攻撃し必死必殺の体当りを以て戦艦一隻、輸送船一隻を撃沈せり」と報じた（この時、「特攻戦死」と報じられた佐々木友次は生還したことが後に判明。以後、佐々木には特攻死という栄誉のための出撃命令が何度も課せられる）。

また、特攻死した万朶隊隊員が曹長・伍長などの下士官であることに気付く。これは、一一月五日朝、岩本以下五人の将校が作戦連絡のためルソン島南部のリパ飛行場を出発して、マニラに飛行中、米戦闘機群と遭遇・交戦し、全員が戦死を遂げたために、万朶隊には下士官しか残されていなかったことによる。

一一月五日に夫が戦死したことを和子が知ったのは、新聞報道前日の一三日、教導飛行師団に届いた戦死の暗号電報であった。実はこの時、和子は妊娠していた。岩本は「生まれてくる子供の名前まで考えていた」という。だが、岩本が戦死した五日、和子は流産する。「きっと岩本は、一人であの世へ行くのが寂しかったので、我子をつれていったと、そう考えています」（「陸軍特別攻撃隊　万朶隊長　岩本益臣夫人　岩本和子さんを訪ねて」）。

十一月十五日　水曜日　天候　晴
ヤッタ万朶隊　征(ゆ)キマスト挙手ノ礼ヲサレタ
隊長殿以下ノ勇壮ナ顔ガ目ニ浮ブ
発シテハ万朶ノ桜トナル　壮ナル哉(かな)　日本男子

万朶隊の慰霊

万朶隊の「栄誉」を、林はこのように記した。翌一六日、岩本が少年飛行兵と生前に約束した「芋を食う会」が、三代目校長今西六郎の自宅で行われた。

万朶隊の「栄誉」は、鉾田の人びとに大きな反響を巻き起こした（『鉾田町史　通史編下巻』）。鹿島郡常会は「特攻隊の偉業に続け」と「六十機建造貯蓄運動」を展開し、目標達成の決議を行った（一八日付『茨城新聞』）。鹿島郡町村会は臨時総会を開き、町村会代表が一八日に万朶隊の出身部隊である鉾田飛行部隊（新聞では○○飛行部隊）を訪問し、部隊長に対し「心からの感謝慶弔の意を表す」ことを決定した（二〇日付）。

一方、二三日付『茨城新聞』は、鉾田国民学校では朝礼時の挨拶の言葉を、従来の「～をしつかりやれ」から「～を体当り」に改めたことを伝えた。

また、二六日付では「陸軍特攻隊第一陣　万朶隊三勇士の偉勲　直掩の渡辺伍長にも感状」の見出しのもと、「四勇士少尉に栄進」を報じた。これは一一月一日に公布された勅令で、特攻による戦死者の「二階級特進」が定められたことによる。通常の戦功では考えられない進級。これが特攻死の栄誉であった。

一二月二日、「万朶隊初の慰霊祭」が「揺籃（ようらん）の地」で厳かに行われた。三日付『茨城新聞』は、「特攻隊万朶隊揺籃の地○飛行部隊において厳かに執り行はれた」慰霊祭は、鉾田陸軍飛行学校創設以来の戦死者・殉職者七七柱の合同慰霊祭を兼ね、部隊長が祭主となり、初代部隊長、「神鷲万朶飛行隊長岩本益臣大尉未亡人」、その他の遺族の多数や部隊全勇士が参列して、「神鷲の偉勲を偲んだ」と伝えた。この時、和子は少年飛行兵から岩本が乗っていた双発軽爆撃機の模型をプレゼントされたという。

万朶隊以後

八紘隊

万朶隊が出発した一〇月二二日以降、林の日記には、万朶隊に続く特攻隊の「大命」を待ちわびる思いが綴られている。

十月二十三日　月曜日　天候　曇後雨
今日カ明日カト既ニ三日　未ダ大命下ラズ　愈々落付イテ更ニ訓練ニ励マン
敵機動部隊ノ比島ヘノ活発ナル反撃ヲ思フニツケ腕ガ鳴ル
我等ノ跳爆ノ下ス敵戦艦ノ巨体ヲ横ヘルモ　決シテ遠キ将来ニ非ズ

すでに同期の一三人は、万朶隊に先立つ九月二一日、「第一戦線隊」に配属されていた。
だが、技量未熟の林は人選から漏れた。「己ノ技倆ヲ考フルトキ　未ダ〳〵其ノ時機ハ至

ラズ　現在ノ訓練ニ於テ充分ニ敵空軍ニ劣ラザル技ト精神トヲ　ヒッサゲテ飛立ツノダ」（九月二一日）という思いで訓練を続ける。

しかし、技量はなかなか上達しない。「連日飛行演習ハ順調」であったが、一〇月二六日に実施された跳飛爆撃は「本日ハ弾着思ハシクナシ　他ノ友ハ皆、有放弾着ナリ　黒板ノ弾着表ヲ見ルモ無念ナリ」という結果で、「只々本日ノ弾着ハ心中煮エ返ルモノ」であった。

この訓練の翌二七日、「天候剣悪」で予定していた跳飛爆撃訓練が中止となった林は、飛行機が「垂直トナリ鹿島灘ニ突入」する事故を目撃する。事故の原因は不明。「此ノ戦局急ナル秋（とき）」、優秀な操縦者の殉職を惜しんだ林は、「我等皇国航空ニ挺身スル」者として、「尊キ幾多先輩ノ霊ヲ乗越へ　仇敵ノ頭上ニ殺到」する時までは「生ヲ完ウシナケレバナラヌ　米英ノ頭上デコソ散リテ悔ヒナキ若桜ナリ」との思いをいっそう強くする。

一一月八日、万朶隊に続き新たに編制された特攻隊が鉾田を出発する。八紘（はっこう）隊である。

十一月八日　水曜日　天候　晴

大詔奉戴式　払暁飛行終リテ　岩本中隊ニ続キ　本日　松井中隊出発

其ノ名モ壮　八紘隊　自信ニ充チタ操縦者ノ顔　顔

図35　女子奉仕隊の見送りに応える鉄心隊隊員（先頭が松井浩）

此ノ感激ガ直ニ敵艦ノ頭上ニ至ルノダ

健闘ヲ祈ル

松井中隊とは、鉾田教導飛行師団原町飛行場教官松井浩以下一二人をもって編制された特攻隊で、後に八紘第五隊鉄心隊と命名された（図35）。

「出撃ノ日ノ一日モ早ク」

八紘第五鉄心隊の出発以降、日記には「神風（しんぷう）特別攻撃隊」に関する記述と「仇敵必滅ニ邁進」するため「出撃ノ日ノ一日モ早ク」待つ思いが頻出する。

十一月十二日　日曜日　天候　曇

戦局日ニ急ニシテ皇国ノ興廃ノ岐（わか）ル、秋　神風特別攻撃隊ノ出現ヲ拝ス

我等ハ神風ノモツ言葉ノ意味トソノ言

葉ノ下ニ　不惜身命ノ御奉公ニ直進スル
先輩諸鷲ノ胸中ヲ拝察スルニ　深ク又反省セザルベカラズ
神風隊将士ノ奮闘　此ノ総テヲ受ケ継グ者　之我等ナリ
今ニシテ神州正大ノ気発セズンバマタ何日ノ日ニカ正大ノ気アラム
彼ノ一番機命中　二番機命中ノ壮烈悲壮ナル報道ヲ
我等ハ国民ト共ニ深ク胸中ニ　更ニ仇敵必滅ニ邁進セザルベカラズ

十一月十七日　金曜日　天候　晴
出撃ノ日ノ一日モ早ク　願ヒハ同ジナル
戦友二十数名　大戦果アル度(たび)ニ心ハハヤル　腕ハ鳴ル
淡々タル心境将ニ秋空ノ如シ　猛者鷲ノ表ル、日　何時ナリヤ

一一月二四日、八紘第八隊勤皇隊が鉾田を立つ。同隊は、鉾田飛行師団教官山本卓美を隊長に学生・生徒一二名で構成されたものである。このなかに同期生六人が含まれていた。同期生で初めての特攻隊員の誕生である。

十一月二十四日　金曜日　天候　晴
第二次八紘隊今日ゾ征ク　初ノ参加スル同期生六名

感激ニ充チタアノ顔「頑張レヨ」　ニッコリ笑フ飛行帽
轟々ト隊形モ整然ト決戦ノ彼方サシテ飛行キヌ

五日後の二九日、八紘第一一隊皇魂隊が出発。

十一月二十九日　水曜日　天候　晴
本日八紘隊第〇隊　勇躍征途ニ就ク
同隊ニ同ジク十三期ノツハモノ五名参加ス
嗚呼其ノ双肩ニ掛リタル任務ハ極メテ重シガ　其ノ志気極メテ旺盛ナリ
爆音高ク決戦ノ彼方目指シテ飛行ク
之ヲ見送クル　我　果シテ何日ノ日ゾ征クヤ

一一人の隊員には同期生五人が含まれていた。その一人寺田増生は、出発前に今西師団長と握手を交わし「必ず岩本大尉の仇を討ちます」と述べたという（『会報特攻』第一五号）。だが、林は今回も隊員には指名されなかった。

一二月二日、ついに林に「内命」が下る。八紘隊員の指名である。

八紘隊「内命」

十二月二日　土曜日　天候　晴
開隊記念日　続ク慰問演芸映画アリ

ソレニマシテ我ガ心躍ルハ　光栄アル八紘隊参加ノ内命ナリ
嗚呼此ノ感激　選ニ漏レタル戦友ニモ此ノ感激ヲ分チヤリタキナリ
遂ニ待望ノ秋ハ来リ　又男子ノ本懐之ニ過ルナシ　全ク以テ任務ノ完遂ニ努メン

一二月四日、空輸のため、各務原・浜松両飛行師団に向け出発。「井戸ノ中ノ蛙　大海ヲ知ル　飛行機　飛行機　ウントアル新鋭機　ヤタラ広イ飛行場」。夕方、鉾田に戻る。

十二月五日　火曜日　天候　晴
本夕我々特攻隊ノタメ送別ノ宴ガ催サレタリ
教官殿初メ同期生ノ心カラナル歓迎征ク我等ノ志気愈々旺盛ナリ
待ツテイルゾ　後カラ征クゾ　此ノ一言ナリ　嗚呼愉快ナリシタナリ

十二月六日　水曜日　天候　曇
本日同期生ノ主力ハ転地訓練ニ出発ス
又特攻隊トシテ同期生五名〇〇攻撃ノ光栄アル隊トシテ出発ス
先行クベキ予定ハ我等ガ後ニナリ五名ノ同期生ヲ送ル
整然タル編隊ヲ組ンデ　夕暮レノ彼方サシテ飛行キヌ

八紘隊隊員に指名されたものの出発命令が下されない林は、一二月一〇日、「再ビ踏マジト心ニ決シタル家郷ノ土」を踏む。林が巣鴨の実家を訪れるのは、明治節（一一月三日）以来、約ひと月ぶりである。「之ガ最後ナリト思ハズ懐サ一層」。林が八紘隊のことを話したかどうかは定かではないが、父と妹は「我ガ覚悟ニ対シ涙モ見セズ、平素ト変ラヌ温顔ヲ以テ見送リ下サッタ」。「何ンデ生キテ還ラル、ヤ」との思いで鉾田に戻る。

十二月十二日　火曜日　天候　晴
浜松空輸　帰途　東京都上空通過
嗚呼懐シキカナ　眼下ニ見ユル我ガ母校、我家　サラバ　光栄アレ
十二月十四日　木曜日　天候　晴
鹿島ニ詣デ　良キ獲物授ケ給ヘト
車窓ニ映ル故国ノ小河ノ美サヨ　嗚呼　我ガ神州ハ不滅ナリ
十二月十五日　金曜日　天候　晴
十二月十五日、此ノ日ハ我ガ此ノ世ニ生ヲ享ケ二十一年ノ誕生ヲ迎フ
八紘隊員トシテ晴レノ天戦ニ参加ス　男子ノ本懐之ニ過グルナシ
出発準備完了ナル
十二月十六日　土曜日　天候　雲

出発天候不良トシテ明日トナル　中隊教練全機好調　出発ヲ待ツバカリナリ
本日東航校時代ノ戦友ニ会ス　之モ神ノ加護ナラン
夕暮迫ル　基地明日飛立ツ　此ノ心境何ント表セルカ

こうして林は、翌一七日、「陸軍特別攻撃隊員」として鉾田を出発、台湾に向かった。

振武隊

靖国神社に鎮まる「英霊」の遺書や遺品を展示する遊就館。そのなかに「特攻隊員を中心に女性やスポーツ選手など、数多くの英霊」の遺書を展示した「靖國の神々」のコーナーがある。

このなかに、「冷い十二月の風の吹き荒ぶ日」、荒川に身を投げた妻と二人の幼子に対し、「父も近く御前達の後を追って」行くから「それまで待ってて頂戴」と書いた遺書が展示されている。一九四五年（昭和二〇）五月二八日、沖縄方面洋上で戦死した、「第四五振武隊　陸軍少佐　藤井一」の遺書である。通常、遺書は、出征により戦地に赴く者や特攻隊員が、残された家族や友人・恋人に記すものである。だが、この遺書は、すでにこの世にいない妻子にあてたものである。

展示されている遺書と藤井および妻子の写真には、以下のような解説が付されている。

藤井中尉（当時）は昭和十八年春より少年飛行兵生徒隊教官として精神訓育を担当。

教え子たちが特攻出撃するに及び「お前達だけを死なせない。中隊長も必ず行く」と、自らも特攻を志願した。妻子があり、操縦士ではない中尉が特攻隊員に任命されるはずはなかった。

夫の固い決意を知った妻福子さんは「私たちがいたのでは後顧の憂いになり、思う存分の活躍ができないでしょうから、一足お先に逝って待っています」旨の遺書を残し、二人の幼子と共に飛行学校近くの荒川に入水した。

翌日遺体が発見された現場に駆けつけた中尉は、冷たく変り果てた妻の足についた砂を払いながら、妻子の死を無駄にしてはならないと再度の血書嘆願を決意。中尉は異例の特攻隊員の任命を受け「妻、子に逢えることを楽しみにしております」と遺書を残し、部下の操縦する複座式戦闘機に乗込み特攻出撃した。

筑波山（つくばさん）を望む故郷の小高い丘の上に妻子四人の墓は寄り添うように建っている（『遊就館図録』）。

藤井の妻が、「一足お先に逝って待っています」という遺書を残し、藤井が教官をつとめる熊谷陸軍飛行学校の近くを流れる荒川に身を投げたのは一九四四年（昭和一九）一二月一五日の朝であった。くしくも林健太郎の誕生日である。長女と背中の次女の二人には晴れ着が着せられ、長女の手と妻の手とはひもで結ばれていたという。

その後、何回にも及ぶ特攻志願・却下を経て、ついに藤井の特攻志願が受理される。一二月二〇日、藤井は特攻隊長としての訓練を受けるため、熊谷陸軍飛行学校から鉾田教導飛行師団に転属となる。

こうして、翌一九四五年二月八日、鉾田教導飛行師団第一教導飛行隊教官の藤井を隊長とし、同飛行師団の教官と隊員で構成された特攻隊が編制された。第四五振武隊である。

妻子の入水自殺から五ヵ月後の五月二八日、藤井は第四五振武隊快心(かいしん)隊隊長（機上通信員）として知覧(ちらん)基地より出撃、沖縄西方海上で戦死した。「郷里の墓に一緒に葬って欲しい」という遺言どおり、四人の家族は筑波山を望む常総市の小高い丘に眠っている。

「特攻に行く」

藤井一の戦死の二日前、五月二六日、鉾田教導飛行師団で新たな特攻隊が編制された。第六四振武隊国華(こっか)隊。隊名は同師団長今西六郎の命名によるという。

隊員の一人に林と同期の森高夫がいた。森は、鉾田教導飛行師団で「特別攻撃隊命」が発令された翌日の四月二日から、鹿児島県万世(ばんせい)飛行場から出撃する六月一一日までの「手記」を残している。毎日の出来事を詳細に記した林の『日記』と比べ、森の「手記」は得意であったとされる絵が中心で、時々記される文章はその日その日の心の動揺のためか、文字が乱れ判読できない箇所が多い。

「手記」は、「99ソウケイ」「イザ行カン」「一パツ必中」「ゲキツイ」などのタイトルを付した「隼」の絵と、「TAKAO」と題した「自画像」から始まる。絵はいずれも鉛筆書きで、線はペン書きである。

図36　森高夫「手記」

図36は、「特別攻撃隊」の内命を受けた翌四月二日のものである。

左上には「御父さん　御母さん　親類否村中郡中皆んでこれ　を良く読んで　我の爽快な処を知って下さい」とある。

「手記」の最後は出撃直前に書かれたもので、「行きます　プロペラが廻りました　今行きますでは　さらば」という文章で終わっている。

鉾田教導飛行師団では、万朶隊を皮切りに、八

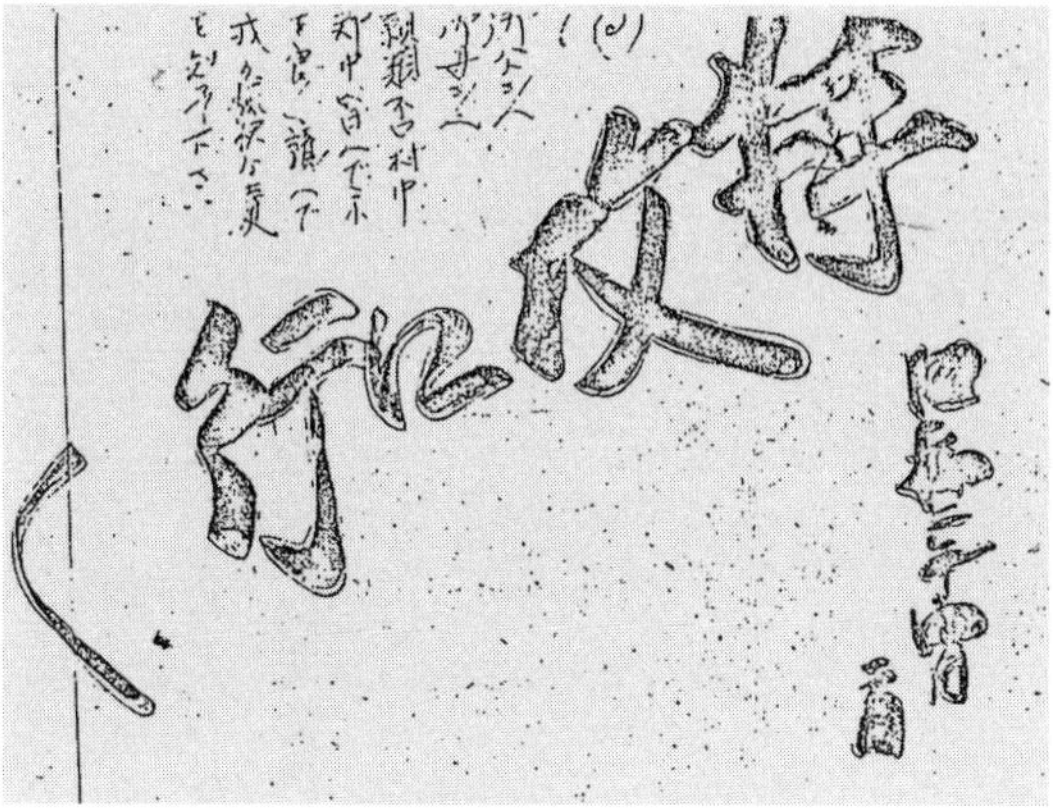

紘隊（第五隊鉄心隊・第八隊勤皇隊・第一一隊皇魂隊）・振武隊（第四五快心隊・第四六・第六三・第六四国華隊）など計二四隊約一八〇人に及ぶ特攻隊が編制された。そして特攻は、一九四五年四月に編制され、八月一三日、犬吠埼沖約一〇〇キロに出現した敵機動隊を迎え撃つために出撃した神鷲隊まで続いたのである。

鹿島灘に向かって

人間爆弾「桜花」の原風景

特攻兵器「桜花」

鹿島臨海工業地帯の一角を占める新日鉄住金鹿島製鉄所の敷地内に、「桜花公園」という名の公園がある。一九九三年（平成五）一二月に開園した公園で、一般に開放されている。

公園には掩体壕（正式には掩体）が一基だけ残っている。コンクリート製で高さ四・四メートル、横一五・三メートル、奥行き一三メートルで、空襲の際に零戦や一式陸上攻撃機（一式陸攻）などを避難させていたという。掩体壕のなかには、人間爆弾と呼ばれた特攻機「桜花」のレプリカが眠っている。機体は車輪のついた台の上に乗っているが、本来着陸を必要としない桜花には車輪はない（図37）。

図37　桜花公園と桜花のレプリカ（2019年撮影）

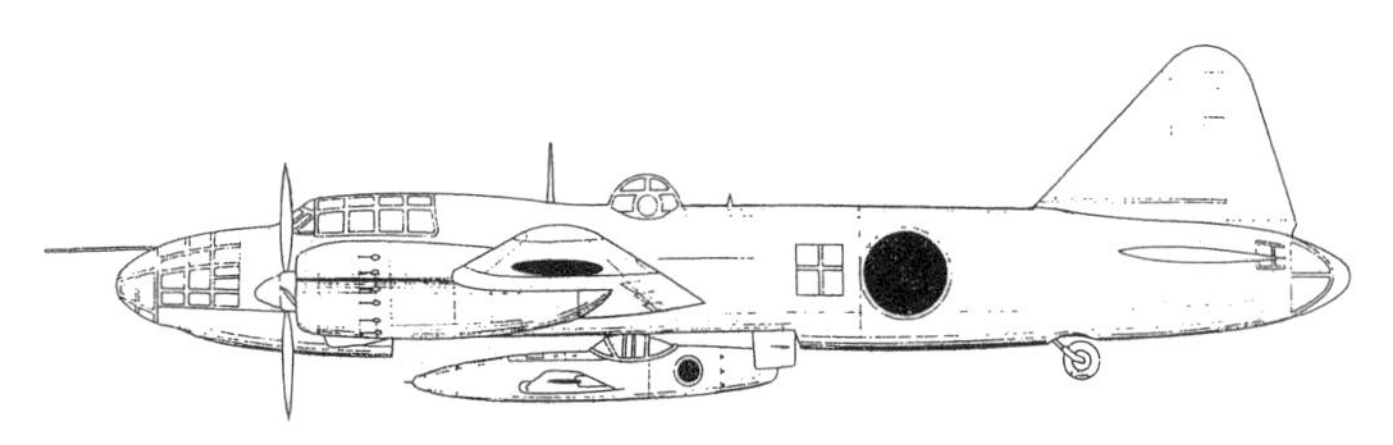

図38　一式陸攻と桜花

掩体壕の近くには、「神雷竜巻　桜花隊員　練成之地　桜花」という文字（山岡荘八揮毫）を刻んだ石碑が建っている。石碑は、この地に特攻機「桜花」の訓練基地――神之池海軍航空隊――が存在した事実を無言で語っている。

桜花は、一・二トンの爆弾を搭載した一人乗りの高速滑空機で、母機である一式陸上攻撃機の胴体に吊り下げられ、目標近くで切り離され、ロケット燃料で加速したのち滑空して敵艦隊に体当たりする海軍の特攻専用機である。無論、脱出装置はなく、母機から射出されれば生還が不可能の「人間爆弾」であった（図38）。

全長約六メートルのアルミニウム合金の胴体に、全幅約五メートルの木製の翼が付き、全高一・一六メートル、全備重量は二二七〇キロ。頭部に据え付けられた一・二トンの爆弾は、一発で戦艦または空母を撃沈できるとされた。航続距離は高度四〇〇〇メートルで投下されたとして約三〇キロ前後、突入時の最高速度は時速一〇〇〇キロに達したという。

桜花は、開発時には発案者である大田正一の苗字から「㊅（マルダイ）兵器」という暗号名で呼ばれていた。特殊攻撃機の制式名称は花の名称から採用されたため、桜花という名称は、「散り際の見事さから、行きて還らぬ人間爆弾にふさわしい」として付けられたといわれる。

百里原海軍航空隊

桜花攻撃専門部隊となる第七二一航空隊が編制されたのは、神之池海軍航空隊ではなく、筑波山や霞ヶ浦に近い東茨城郡白河村・橘村に開隊した百里原海軍航空隊であった。

地元では白河百里・橘百里といわれた百里原に、霞ヶ浦海軍航空隊友部分遣隊の飛行場の建設が始まったのは一九三七年（昭和一二）のことである。

百里という語源は、義公こと徳川（水戸）光圀が、下総の九十九里に対し、常陸には百里原があると自慢して名付けたといわれている。土地は平坦・広大であったが荒地が多く、ツタが非常にたくさん生え、一〇〇メートル先に行くのも困難であった。逃げた馬がやぶのなかで動きがとれないで死んでいた、という話さえある。

飛行場の建設に必要な人夫は地元の農民であった。当時進行していた園部川改修工事では「弁当並びに道具持参で一日一円二〇銭の賃金だった」が、「百里は二円五〇銭である上、労働時間が短く且つ朝夕自動車で送り迎えされる」ので、河川工事人夫の多くは飛行場の方へくら替えしてしまったといわれる。このため園部川改修工事はしばらく中止になる（『小川町のあゆみ』）。

ところが、海軍が線引きした飛行場用地の内側には、明治末にこの地に入植した一部の開拓農民の土地も含まれていた。このため、さまざまな苦労を経てやっと定着した開拓農民に、立ち退き命令が下った。飛行場建設の臨時収入でうるおっているその時、その裏側で生活の場を失った人がいたのである。

一九三八年一二月一五日、筑波（つくば）海軍航空隊の百里原分遣隊が百里原の飛行場に駐留し、陸上機操縦の教育を担当。翌三九年一二月一日付で百里原海軍航空隊として独立した。

第七二一海軍航空隊の編制に先立ち、百里原基地では飛行場滑走路を三〇〇〇メートルに延長する工事が行われた。性能が確定していなかった桜花の訓練場所として、少しでも長い滑走路が必要になったためといわれる。このため、一九四四年八月、開拓農民に一週間以内の立ち退き命令が発せられる。契約書も承諾書もいっさいない命令であった。この時、立ち退き命令を受けた農家は八戸。戸主や青年が出征中で、残された者が総出で家を片付け、作物を整理した。二週間後に海軍の建設隊が来て、目の前で住み慣れた家屋が瞬時のうちに爆破された。一一月に立ち退き保証金四五〇〇円が支給された。だが、全額、強制的に貯蓄させられ、戦後、税金とインフレで消えていったという（『百里原農民の昭和史』）。

一〇月一日、百里原海軍航空隊に「居候（いそうろう）」する形で第七二一海軍航空隊が編制される。百の位の七は陸上攻撃機部隊、十の位の二は横須賀鎮守府（ちんじゅふ）所属、一の位の一は常設航空隊

（奇数）を示すから、第七二一海軍航空隊とは「横須賀鎮守府所属の陸攻の常設航空隊」である。事実、第七二一海軍航空隊は、体当たりを敢行する桜花隊、敵艦上空まで桜花を運ぶ陸攻隊、これを掩護する戦闘機隊からなり、「疾風迅雷」から音をとって「神雷部隊」ともいわれた。このことは、生身の人間が操縦する「人間爆弾」桜花は、陸攻隊の側から見れば、爆弾や魚雷と同じ扱いの兵器（そのため、桜花には日の丸が描かれなかった）にすぎなかったことを意味する。事実、桜花隊と陸攻隊の交流はほとんどなかったようで、ある陸攻隊員は、「桜花隊は出撃すれば必ず死ぬ必死隊、それに対して陸攻は桜花を投下して帰ってくるだけ。そんな引け目」もあって、桜花隊の同期生にも「会いに行けなかった」と述べている（『一式陸攻戦史』）。

第七二一海軍航空隊が編制されたのは、敷島隊をはじめとする神風特別攻撃隊が編制される二〇日前である。「日本海軍はこの日をもって戦史に例のない、一〇〇％戦死が前提の体当たり専門部隊を正式に編成し、特攻攻撃に踏み出した」（『神雷部隊始末記』）。

神之池海軍航空隊

一一月七日、第七二一海軍航空隊は、鹿島灘を望む鹿島郡高松村・息栖村に開隊していた神之池海軍航空隊に移転する（図39）。

高松村栗生・国末・泉川と息栖村居切堀の北側一帯の民有地約五〇〇町歩が海軍飛行場

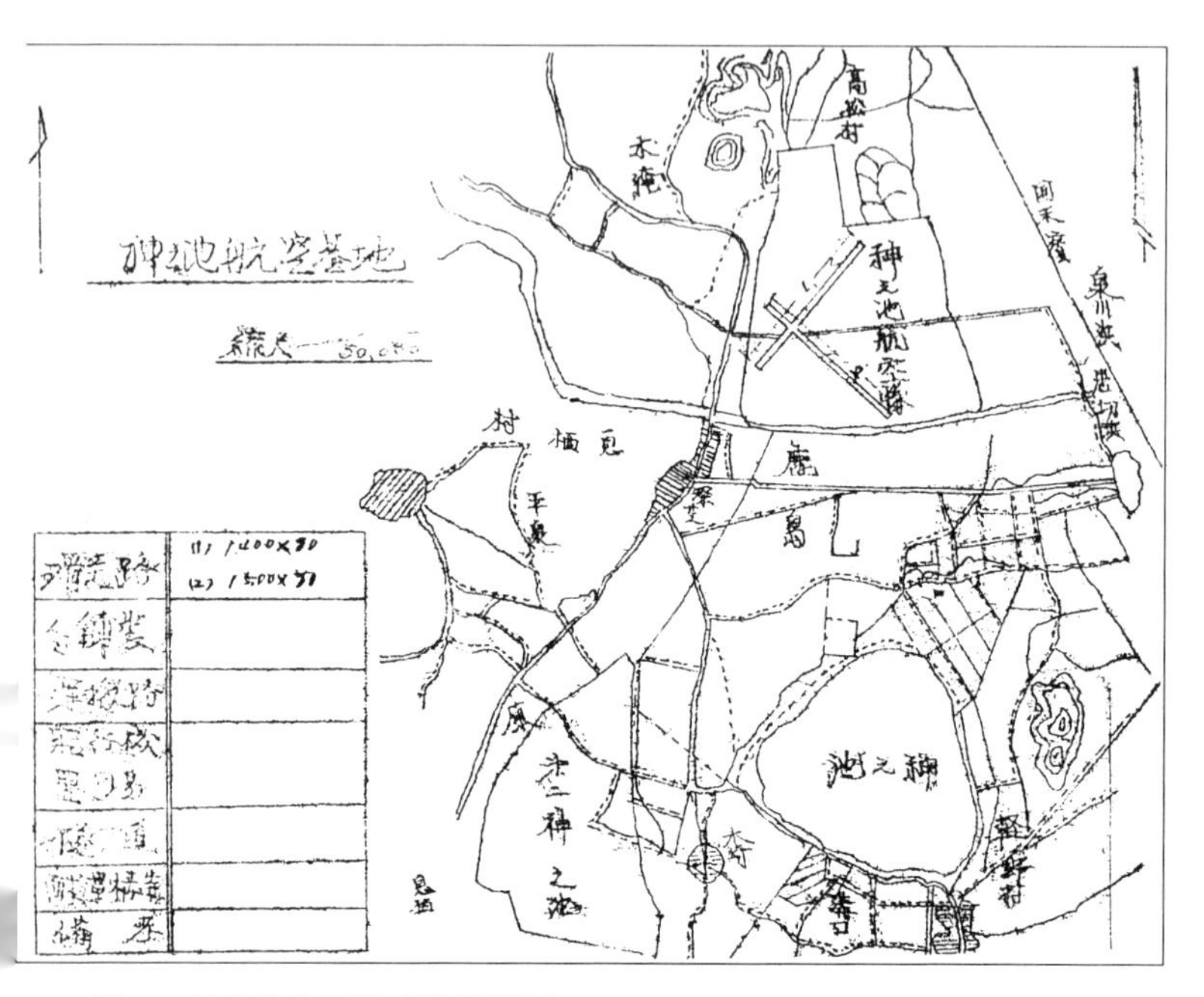

図39　神之池海軍航空隊位置図（『海軍航空基地位置図』より，防衛省防衛研究所戦史研究センター所蔵）

として買収されたのは一九四〇年頃で、翌年六月から飛行場建設の土木工事が始まる。飛行場予定地は砂地であったため、まず地ならしを行い、その上にトロッコで運んだ国末山王台や栗生の城跡を含む台地の赤土を敷いて芝生化する作業が施された。作業には朝鮮人労働者を含む徴用工員や地元の勤労奉仕者が動員された。

こうして一九四四年の初めには滑走路や兵舎も完成、二月に先遣隊の海軍将校も着任し、四月一日、神之池海軍航空隊は正式に開隊した（「神之池海軍航空基地顚末記」）。

第七二一海軍航空隊が移転した理由は、本格的な訓練を行うために、ほかの練習航空隊と同居しない専門の練成基地を要望したためといわれる。事実、百里原基地では、百里原海軍航空隊が、操縦練習教程を終えた飛行学生・飛行術練習生を対象に艦上爆撃機・艦上攻撃機の実用機練習教程を行っていた。だが、移転を希望した神之池基地でも、神之池海軍航空隊が戦闘機の実用機教程（延長教育）を担当し、第一三期予備学生の操縦教育を行っていた。

おそらく移転した最大の理由は、神之池海軍航空隊基地が、鹿島灘に面し、大きな砂丘があり、東京や横浜に近い割には交通が不便で、機密を保つのに適していると考えられたためであろう。また、百里原基地の飛行場は、海軍では最大規模の飛行場といわれたが、砂礫層の常磐台地に建設されたため、離着陸時に巻き上げる砂塵は凄まじく、搭乗員・整備員泣かせであった。こうしたことも影響したかもしれない。

第七二一海軍航空隊の移転にともない、神之池海軍航空隊は谷田部（やたべ）基地に移動し谷田部海軍航空隊になる。一方、中間練習機による練習機教程を行っていた旧谷田部海軍航空隊は、山形県の神町（じんまち）基地に移動し神町海軍航空隊となる。こうした「玉突き移動」により神雷部隊専用の海軍航空基地が誕生。神之池基地の隊門右側には「第七二一海軍航空隊」、左側には「海軍神雷部隊」の門札が掲げられた。

神雷部隊

神之池海軍航空基地では、東西一四〇〇メートル、南北一二〇〇メートルの二本の大滑走路と四本の小滑走路が設置されていた。神雷部隊の移転後、既設の飛行場から南方二キロほど離れた居切堀の南側の砂地を整地し、桜花専用の着陸場として第二飛行場が整備された（図40）。

第二飛行場は、もともと草原だった場所に造られたため、「人の背丈ほどの草が一面に生い茂り、ほぼ中央に砂地と小草がいりまじっているなどの草原そのもの」で、着陸地の最長距離は二〇〇〇メートルに達したが、着陸地の左右は「不規則な砂丘の波と松林が続いた不良地帯」であったという（『文化財かみす』第一九集）。

図40　神之池海軍航空基地（中央の三角の池が地名の由来となった神之池．白く見える直線は第1飛行場の滑走路．左側海面は鹿島灘，奥の突端部は銚子．神栖市歴史民俗資料館提供）

一一月一五日、第七二一海軍航空隊は、従来の横須賀鎮守府所属から連合艦隊直属となり、あわせて部隊の編制も実戦投入を念頭に置いた編制に拡大、桜花隊・陸攻隊・戦闘飛行隊（直掩戦闘機隊）と新たに編制された彗星（すいせい）隊の四個分隊編制となった。一つの航空隊に四種の機種の飛行隊が混在する部隊は初めてで、神雷部隊の複雑な性格がうかがえる。

桜花隊員の募集

桜花隊員の募集は、㊅兵器の試作開始とほぼ同じ時期の一九四四年八月中旬、台湾・朝鮮を含む日本全国の実用機教程を行う練習航空隊の教官（士官・准士官）・教員（下士官）に対して行われた。

昭和一九年夏の暑い夕方、姫路海軍航空隊司令室において、教員全員整列があった。先ず飛行長から「この中で妻帯者、長男、一人子の者は、帰ってよい」という指示である。緊張した残る十数名を前に、司令から概ね次のような話があった。

「これから話す事は、絶対に他言はならない。戦況は我が方に利あらず……。これを挽回し、国を救う事の出来るのは、君達若い搭乗員の外はない……。このたび、起死挽回の新兵器が出来た。その兵器は、一度飛び立てば、二度と帰る事は出来ない必死必殺の特攻機である。この部隊で搭乗員を募っている。是非諸君の協力を得たい。返事は、今晩よく考えて、明朝、飛行長まで提出するように……」。

募集は、おおむねこのような方法で行われたという。桜花が完成する前から、「必死の空中兵器」に対する志願という形で、「必死」隊員の募集が行われたのである。

この隊員は、「父母の悲しむ姿、今まで抱いてきた夢、希望」が「走馬灯の様に浮かぶ」なか、「自分一人が死ぬ事によって、父母姉妹一族、そして国の安泰が得られるならば」と「望」の札を出し、四ヵ月後「七二一空（死地にいく）神雷部隊へ転属命令が出た」という（『文化財かみす』第一九集）。

ただし、この時点では、桜花の飛行特性がどのようなものになるかは判明していなかったため、操縦技能や専修する機体も様々な出身の搭乗員が集められた。

筑波海軍航空隊で最初の「特攻隊募集」

実は、桜花隊員の最初の募集は、全国募集から二ヵ月前の六月二〇日頃、筑波海軍航空隊で行われていた。同隊で戦闘機操縦教官をつとめる海軍兵学校出身の若い士官七、八人が士官室に集められ、「諮問」という形で最初の「特攻隊募集」が行われたという。

まず、中野忠二郎司令が、戦力差の拡大、燃料の枯渇、航空機製造用資源の欠乏など状況の悪化が予想を超えて進んでいることを述べた後、一度出撃すれば生還は期しがたいが、成功すれば戦艦でも空母でも撃沈することが可能な新兵器について言及し、生還の可能性が絶無である以上、上官からの命令はできないので搭乗員の意見を聞くことになったと説明した。続いて、横山保飛行長が詳細を補足し、志願者が二名以上あれば兵器として採用する旨をあらかじめ断ったうえ、「志願者は自分の名刺に○に桜と書き、従来通り戦闘機を志望する者は○に戦と書いて3日以内に隊長室に設置する箱に投函してほしい」と述べた。

二人の説明では、「新兵器」に志願する者だけが勇敢ではなく、家庭の事情や個人の意向をふまえ従来の戦闘機搭乗員としての活動を軽視するものでないことが、言葉を選びながら強調されたという。

この席にいた林富士夫は、「他言無用、仲間内でも相談は不可との制約のもと」、「3日間様々な葛藤の末」、「この正体の分からぬ新兵器を志願」した。志願したのは林と飛行隊長の牧幸男の二人であったという（『神雷部隊始末記』）。

林は、その後、桜花四個分隊の一つである第四分隊長に任命された。だが、「桜花の第一志願兵」と称する海軍大尉の林に課せられた任務は、自ら出撃することではなく、隊員のなかから桜花出撃隊員を選出し、その名前を黒板に記し、送り出すことであった。

二〇一六年夏に公開された映画「人間爆弾「桜花」―特攻を命じた兵士の遺言」（澤田正道監督）は、「多くの同志達を死へと送り出す役目」を課せられた林の「神雷部隊での一年半の記憶を語り継いだ」もので、「日本で初めての特攻志願兵が、亡き特攻隊員に語りかける遺言ともいうべき鎮魂のドキュメンタリー」である。

眼に映る桜花

飛行訓練

飛行訓練は、空中感覚や桜花での突入時の感覚を養うため、練習機材の零戦に乗り、空中でエンジンを止め滑空を体験する訓練と、機首から胴体にかけて着陸用、主翼翼端にも転倒防止の橇（そり）が付いている桜花練習滑空機（後に型式名MXY7―K1から「ケーワン」と呼ばれた）を母機から切り離し、滑空後着陸する訓練の二つが課せられた。

第一飛行場を離陸した零戦は、第二飛行場の降下定点高度二五〇〇メートルでエンジンを停止、定着点（着陸地点）を目指して滑空降下する。最後の旋回を終えてから高度一メートルの水平飛行に移り、着地寸前でエンジンを入れ、再び第一飛行場に戻る。ここでもエンジンを切って滑空降下し、高度一メートルの水平飛行で自然着地を待つ。これが零戦による訓練である。零戦の操縦は、戦闘機専修者であれば支障はなかったが、水上機しか操縦したことのない搭乗員にとっては、引き込み脚がある陸上機は初めてとなる。このため、零戦の二座練習機である零式練習用戦闘機（零練戦）が用意され、後部に教官役を乗せて操縦方法を覚えた。初めて零戦に乗った水上機出身者は「陸に上がったカッパ」と呼ばれたという。

滑空降下に自信のある者は、第二飛行場を使用した。草をなぎ倒しながら一メートルの高さを低く這うように飛び、地形や不良地帯を偵察する模擬接地訓練を行った。

投下訓練

K1を使用した訓練は、第一飛行場から離陸した母機の一式陸上攻撃機（一式陸攻）が、四〇分ほどかけて左旋回しながら高度三〇〇〇メートルに達するところから始まる。

実物と同じ重量にすると翼面荷重が高くなり、着陸することが困難なため、K1には爆弾と噴進器の代わりにバラスト用の水タンクが設けられ、着陸の際はその水を放出したうえで接地する予定であった。ところが、最初の訓練で事故が発生したため、K1にはバラスト用の水を注入しないことが決められる。実際とは重量が異なってしまうが、桜花搭乗員は操縦の感じさえつかみさえすれば良いとの理由でこの措置がとられた。そのため、一式陸攻の搭乗員は、実際の桜花の重さがわからないまま訓練を行い、実戦に突入していくことになる。

次の文章は、零戦による飛行訓練から三ヵ月後に行われたK1による訓練の様子である。イラストも当人が書いたものである（図41）。

> 墓穴に入るような感じで桜花に乗り移ります。高度三〇〇〇メートルの降下定点で、トツートツーの発信音と同時に母機から離脱され、瞬時に五〇〇メートルくらい急降下し、浮力がついて滑空を始めます。エンジン音と震動がなく快適そのものです。日頃の訓練通り順調に最後の旋回を終え、高度一メートルの水平滑降です。やがて失速して着地、それからが大変です。第二飛行場は整地してない荒地で凹凸が激しく、頭に緩衝用のゴムバンドを巻き付けておりますが、風防ガラスに激突しながらやっと停止します。どうやら無事に桜花の試乗が終えました（『文化財かみす』第一九集）。

減速しながら最初の旋回を行い、第四旋回で第二飛行場に接地する。投下されてから着陸するまでの約二分は「息づまるような、しかし無限に長く感じられる時間」であったという。K1は自力では移動できないため、回収作業は整備科に任せ、搭乗員は「ああ生きていた」と「よろめくように」迎えのサイドカーに乗って指揮所に戻り、訓練終了を報告

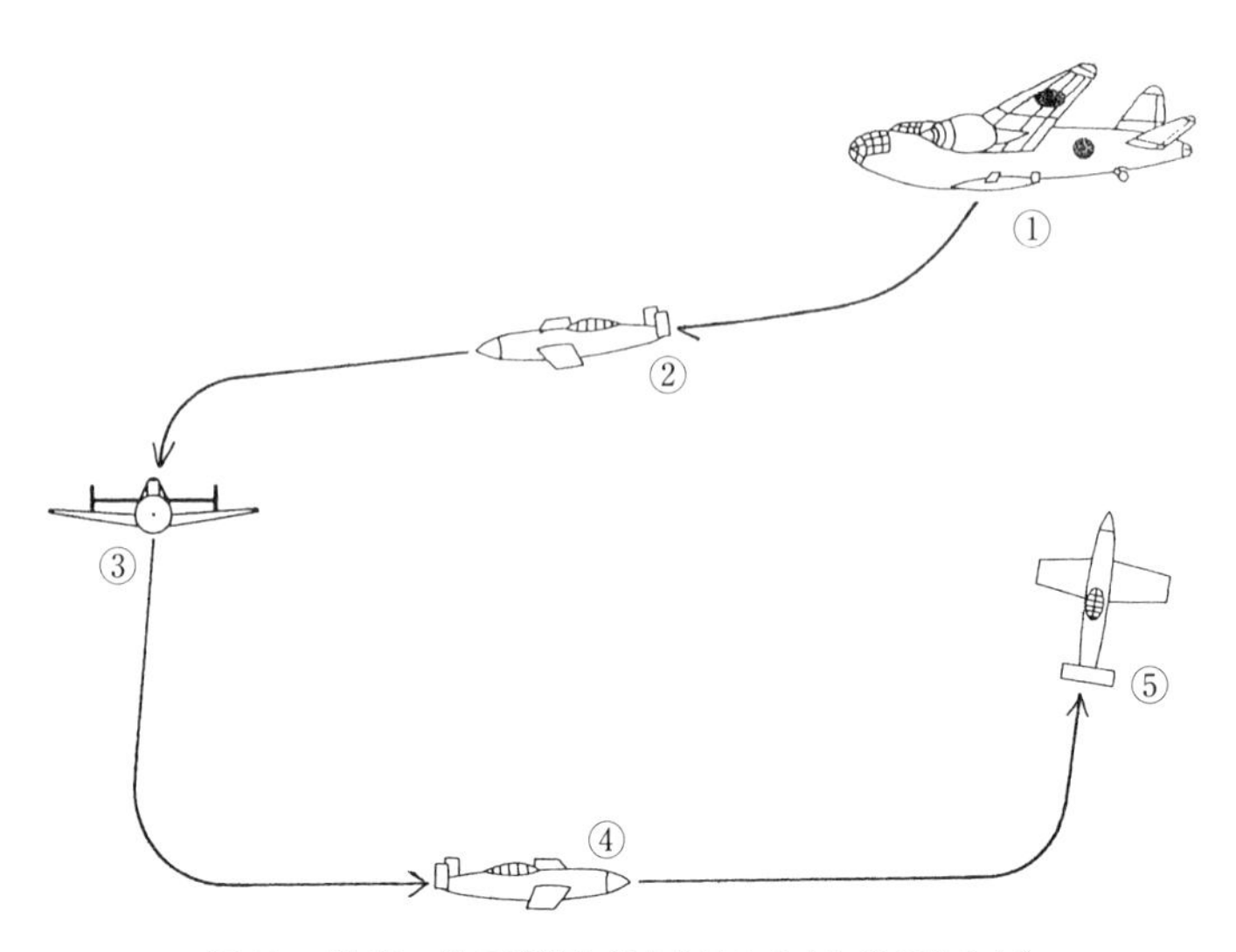

図41　桜花の投下訓練（『文化財かみす』第19集より）

①高度3000ｍの降下定点で一式陸上攻撃機から桜花発進．数秒間で500ｍ急降下．
②〜④速力250ノット（460km/h）で滑空降下．
⑤110ノット（200km/h）で降下姿勢になり、地上１ｍになったらその高度を保ちながら失速するまで滑空．車輪がなく１枚の橇で第二飛行場に着地．

した。

投下訓練に関する手記や回想は数多く残されており、細かな点の記述は異なるが、おおむねこのような訓練であった。

右の文章は「無事」に訓練を終えたケースである。だが、実際の訓練では、殉職をともなう事故が多発した。事実、訓練当日は真新しい下着に身を固めることが習わしとされ、桜花に移る際に開けた一式陸攻の五〇(センチ)角の蓋は棺桶を意味する「ガン箱の蓋」、桜花に移乗する間は「三途(さんず)の川」といわれた。それゆえ、「すでに死への片道キップを手にしている搭乗員は、自分の最後になる本物の桜花にのっておしまいにした方が、よっぽどましだという気持ち」になったという（『文化財かみす』第一九集）。

投下訓練は一回だけ行われ、これが終了すれば作戦遂行可能な「練度A」とされた。したがって、テストパイロット以外、K1に二度乗った生存者はいない。

天候不良などで訓練ができない日は座学で、写真や模型を使って敵艦の艦型識別や速力判定の訓練、模型の空母に突入するまでを搭乗員の目線で撮影した「数分」の教材映画が繰り返し上映された。その内容は、高度三〇〇〇(メートル)・距離一万(メートル)から見た空母に緩降下接近するにつれ、七〇〇〇、五〇〇〇、三〇〇〇(メートル)と、その時点での目標までに距離や突入角度が表示され、最後は「画面一杯」に敵空母の艦橋部が映って終わるというものだった。映画は夕食後に繰返し見せられたが、「余り気持ちの良いものではなかった」という。

眼に映る桜花

母機の一式陸攻に吊り下げられた桜花が、はるか上空で母機から切り離され、目標めがけて突っ込んで行く光景は、事情を知らない人の目には奇怪に映ったに違いない。神之池海軍基地に面会に来た家族や基地周辺で生活する人びとが、「いったい何の訓練をやっているのだ」と疑問を抱くことも無理のないことであった。

青森から両親と弟が面会に来た隊員は、面会するなり、けげんな表情で「あれはいったい何だ。お前たちは何をやっているんだ?」と尋ねられ、「この突然の質問に、思わず返事に窮した」という。

だが、これは軍の機密であった。この新兵器の説明などできるものではなかった。あわせて、私が特攻隊員に選ばれた身で、あの小型機に乗りこんで米艦隊に突っ込んで行くことなど口が裂けても言い出せなかった。

何とか両親を説得させる説明をしなければならなかった隊員は、「欧州戦線の独軍がV一号、V二号ロケット兵器で、ロンドンを攻撃している」新聞記事を思い出し、次のように話したという。

「ドイツ軍はロケットの発射台を地上につくっているが、日本は大型機が小さなロケットを胴下につり下げて離陸し、これを目標の近くで空から発射するそうだ。そんな風に聞いた」と説明した。両親は納得したようだったので、私はその場をなんとか言いつくろったことに安堵した。もちろん、特攻隊員に選ばれたことなど、おくびにも出せなかった（『文化財かみす』第一九集）。

この説明に、両親が本当に納得したのかは定かではない。事実、ある親は、面会場所に指定された旅館から見たK１投下訓練の様子を不思議に思い、仲居に「あれは何ですか？」と聞いたところ、「神様です」のひとことで全てを察し、面会の時に「お前は特攻で死ぬのだろう、死ぬなら死ぬと言え」と問いつめ、「俺は長男だ、絶対死ぬようなことはしない」と答える息子と、ひと晩押し問答を繰り返したという（『神雷部隊始末記』）。

「特攻花」

神之池海軍基地周辺の旅館・飲食店は、「上陸」を許可された隊員のたまり場となった。風呂屋に行かせることを名目にした外出である「入湯上陸」は、士官は二日に一回、下士官は三日に二回許可された。また、三日ごとの外出も可能で、近所の民家に下宿する者も多かった。唯一の交通手段である木炭バスで「上陸」しても、鹿島神宮・潮来（いたこ）・香取神宮あたりまで足を運び気晴らしするのが精いっぱいであっ

図42　「特攻花」（神栖市歴史民俗資料館提供）

たため、基地周辺の旅館・飲食店が「上陸」の場となったのである。

また、三日ごとの「外出」で近所の民家に下宿する者、隊門を通らずに基地を抜け出し、近所の飲食店に酒を飲みに出かける、「脱」と呼ばれた無断上陸をする者も少なからずいた。

一九四三年（昭和一八）一〇月、「両親の反対を押し切って」、甲種第一三期予科練習生として土浦海軍航空隊に入隊した者は、実家で目にした「我家に帰ったような気になっている神雷部隊」と母との交流を、次のように述べている。

> 母は兄を外地に陸軍将校として送り出していることを自慢にしていたが、やはり寂しかったようでした。そこへ、神雷隊の若鷲たちが来るようになったので、「いっぺんに大勢の子供ができたようだ。」と、言って喜んで彼らの面倒をみるようになった。代々続けてきた旅館も若鷲たちにすっかり占拠さ

れたようで、母は海軍第一主義になってしまった。

基地の外では、軍靴のかかとを使い小さな穴を掘ってはポケットから種を出し、黙々と土をかける隊員たちの姿がよく目撃されたという。隊員たちが蒔いたのはオオキンケイギク（大金鶏菊）の種で、六月頃には、黄色い花が隊門からそれぞれの下宿先まで「道標」のように咲いた。いつしかこの花は、「特攻花」と呼ばれるようになった（図42）。

龍巻部隊　神之池海軍基地には視察者が相次いだ。一九四四年一一月二〇日、永野修身元帥。一二三日、及川古志郎軍令部総長。一二月一日、豊田副武連合艦隊司令長官。三日、米内光政海軍大臣などである。豊田は、フィリピン・レイテ湾の敵艦隊に突入することを分隊長に命じ、訓辞後、自ら揮毫した鉢巻・短刀を隊員に授与した。ある隊員は「これほどまでに軍の高官が相次いで訪れ、期待をこめた訓辞が行われたのも異例であった」と、海軍の期待の大きさを感じたという。

レイテ湾突入計画は、桜花三〇機を積んだ空母雲龍が宮古島沖で米潜水艦に撃沈されたことにより断念され、年が改まった一月二〇日、神雷部隊に南九州への進出が命じられた。進出したのは桜花分隊、桜花の母機である攻撃七一一飛行隊、それと掩護戦闘機零戦の戦闘三〇六飛行隊で、二五日までに出水・鹿屋・宮崎・都城の各海軍基地に分散して配置された。

桜花隊第一陣を送り出した神之池基地の残留部隊は、二月一五日付で第七二二海軍航空隊として独立した。残留していた神雷部隊員は、すべて同隊付となり、基地内にあった龍巻山と呼ばれた小高い丘の名にちなみ「龍巻（たつまき）部隊」と呼ばれた。龍巻部隊は、他隊からの転入者に対して桜花の投下訓練や爆戦（爆装戦闘機）の操縦訓練を担当、多くの隊員を神雷部隊に送り出す役割を果たすことになる。

二月一六日空襲

第七二二海軍航空隊が編制された翌二月一六日、神之池海軍基地は、米軍艦載機による空襲を受けた。帝都の南東二〇〇キロまで接近した米軍第五八任務部隊の艦載機が、駐機する飛行機を破壊することによって日本軍の攻撃能力を減らし、硫黄島上陸作戦を支援するために、朝八時から夕方五時過ぎまで七次にわたり、関東近県の陸海軍航空基地・港湾などの施設を襲った。米海軍機による初めての本土空襲である。

神之池基地は、午前八時から午後四時まで、延べ一三〇機に及ぶ艦載機により九回空襲を受けた。

神之池基地では、前日情報で空襲の可能性が高いという観測から、兵舎の窓をすべて外して龍巻山の裾に穴を掘って埋め、訓練機材から燃料をすべて抜き取り、各所の掩体に分散した。このため、人的被害はなかったものの、龍巻部隊所属の零戦・零練戦各一機が炎上、桜花四機・桜花練習機（K1）九機・零戦三機・艦上爆撃機彗星三機が被弾、燃料車一台が大破した。

しかし、前日より夜間訓練のため九州から神之池基地に飛来していた一式陸攻二四機は、警報が入り次第退避できるよう燃料を搭載して滑走路に一時間待機していたため、真っ先に攻撃され、一三機が炎上、残る一一機も被弾するという壊滅的被害を受けた。

この空襲を、北浦（きたうら）海軍航空隊で目撃した東京帝国大学出身の飛行予備学生は、「あっと思う間に雲間から姿を見せた四機は、鮮やかな降爆で神ノ池空に突込んでいた。みるみる中に神ノ池は黒煙に包まる。隊にいた者皆泡を喰って防空壕に飛びこむ」と日記に記した。

しかし、空襲はこれだけで終わらない。矛先は北浦にも向けられた。

> 二度、三度の敵侵入にもかかわらず、狙われるのは神ノ池、鉾田（ほこた）、霞浦空、鹿島空等で我が北浦空は見向きもされない。敵さんも中々知っとるわい、と感嘆すると共に、この分じゃ北浦には爆弾はおちまいと皆すっかり安心してしまった。――これが仰々（そもそも）いけなかったのだ。

四度目の敵襲で撃墜された谷田部海軍航空隊員が落下傘で北浦湖に降りて来た。この隊員の救助の様子を見学するため、相当数が防空壕から出て来る。そこに米艦載機二機が東から突っ込んできたのだ。

落下傘に気をとられていた見物人は、それに全然気が付かなかった。その時誰ともなく「あっ、飛行機！」と云った。見物人が気付いた時は、既にグラマンは目の前に来ていた。白い国標がはっきりみえる位に近付いていた。逃げる暇さえなく、銃撃と爆撃を喰らって、この時一挙に多数の戦死戦傷者を出した。戦死八、戦傷多数（『続・あゝ同期の桜』）。

神之池海軍基地は、翌一七日にも艦載機三機による攻撃を受け、陸攻一機が炎上、七機が被弾した。

二月二五日空襲

さらに、二月二五日に、艦載機が再び来襲。人的被害はなかったものの、前回の空襲で被弾した一式陸攻二機が炎上、一機が被弾したほか、桜花一機炎上・桜花練習機（K1）四機小破・格納庫一棟炎上大破・工員宿舎炎上などの被害がでた（『海軍神雷部隊』）。

この日、鹿島沖で操業中の福島県江名（現いわき市）の漁船団も米軍機に銃爆撃され、一三五人が死亡、数十人が負傷した。江名の真福寺に「江名町漁船殉職者供養塔」とともに建立された「鹿島灘戦歿漁船員之副碑」によると、江名漁業会所属の漁船三〇余隻が「前夜来ノ降雪ニモメゲス、軍ノ命ズル洋上監視ナラビニ敵情報提供ノ使命ヲ帯ビ、更ニ軍納入食糧確保ノタメ」、鹿島灘沖で底曳網漁をしていたという。

碑文が語る「軍納入食糧確保」とは鮫漁のことで、その理由は「皮革統制によりサメ皮の増産が要請された」（『江名漁業史』）とも、「サメの脳下垂体から作った薬」を特攻隊員に注射し「隊員の視力を高めさせようとしていた」（『実伝・いわきの漁民』）ともいわれるが、真相は定かではない。ただ確かなことは、「鹿島灘に浮上した潜水艦からの銃砲撃や艦載機による銃撃爆撃なども激しく、食糧難の漁民も海へ出られず」（『茨城県史　市町村編Ⅲ』）という状況のなか、「軍命」により鹿島灘沖で操業していた漁船が「数十ノ敵艦載機ニ発見サレ、熾烈極マル銃爆撃ヲ受ケ沈没座礁、瞬時ニシテ修羅場ト化シ」たという事実である。

桜花隊出撃

三月二一日、鹿屋基地の神雷部隊に出撃命令が下る。陸攻隊・桜花隊・直接掩護隊・間接掩護隊からなる編制で、第一神風桜花特別攻撃隊神雷部隊桜花隊という名前が付けられた。

午前一一時二〇分、桜花一五機を搭載した一式陸攻一八機が鹿屋基地を発進（三機は桜花を積まず、誘導と戦果確認を任務とした）、五五機の零戦が掩護隊として随伴する。陸攻機の四倍の掩護戦闘機が必要であるという試算であったが用意できた零戦は五五機、しかも、故障などの理由により三〇機に減じてしまう。さらに、進撃途上、敵艦載機群の奇襲攻撃を受け、掩護隊のみならず、陸攻隊も桜花を投下するひまもなく、一八機全機が撃墜された。

この出撃で戦死したのは桜花隊一五人、陸攻隊は一三五人、掩護隊一〇人の計一六〇人にのぼり、一度に失った人的損害としては最大のものになった。

陸攻隊長の野中五郎が部下に対し、「国賊とののしられても、桜花作戦だけは司令部に断念させたい」、「掩護戦闘機が陸攻編隊を守りきれると思うか」、「クソの役にも立たない自殺行為に、多数の部下を道づれにすることはたえられない」などと述べていたことはよく知られている。「ワンショット・ライター」と揶揄（やゆ）されるほど、敵弾を受けるとすぐ火を噴いたとされ、しかも桜花を搭載してスピードが遅い一式陸攻は、たとえ多くの掩護戦闘機を引き連れたとしても、敵艦にたどり着く前に、桜花もろとも撃墜されてしまう可能性が高かったのだ。

野中は、出撃前夜にも「ロクに戦闘機もない状況では、まず成功はしないよ。特攻なんてぶっ潰してくれ」と遺言、出撃当日には、「湊川だよ」と漏らしたという。楠木正成が負けるとわかっている戦いに、命令により参戦し戦死した故事を意味するこの言葉が、野中が必敗を覚悟しつつ、死地に向かったことを物語る（『海軍神雷部隊』）。

しかし、野中が成功を危ぶんでいた作戦は、止まることなく突き進む。桜花隊の出撃はその後も続いた。

性能は良いといっても、米軍から「一式ライター」と蔑称され、燃えやすく、撃墜しやすいといわれていた一式陸攻に、重い桜花を吊して沖縄まで飛ぶのである。快速の飛行機でも、敵機が雲霞のように群っている沖縄上空に行けば、忽ちそのえじきになってしまう。まして過重な荷物をかかえた鈍足の一式陸攻が沖縄に行くということは、とんで火にいる夏の虫のようなもので、必ず撃墜された。それでも神雷部隊は出撃しなければならなかった。桜花が特別攻撃用に作られ、その隊員は特別攻撃するために養成された。特攻で死ぬことは、効果があろうとなかろうと、それが彼等の宿命であり、面目であった。「桜花」という、その名のように、咲いたら散らなければならない（『予科練特攻秘話』）。

三月二一日から六月二二日までの三ヵ月間、一〇次にわたる桜花攻撃で、八四機の陸攻が出撃、途中で引き返した機を除く五八機（うち桜花搭載機五五機）のうち、生還した陸攻は七機、戦死者は桜花隊員とあわせ四二〇人に及んだのである（『一式陸攻戦史』）。

特攻隊の現風景――エピローグ

予科練特攻隊の記憶

稲敷郡阿見(あみ)町には現在、予科練にちなむ二つの記念館がある。

一つは、陸上自衛隊土浦駐屯地の敷地内に建つ雄翔館である（図43）。予科練出身戦没者の遺書・遺品約一五〇〇点を収蔵・展示した記念館で、予科練出身戦没者の慰霊・顕彰を目的に組織された財団法人海原会が、一九六八年（昭和四三）に建設した。館内には、四八人の予科練生の人生が遺影・遺書・遺品と特攻死・戦死した場所を示したパネルで紹介され、あわせて約五〇〇人の遺影が飾られている。

雄翔館の前には、霞(かすみ)ヶ浦(がうら)海軍航空隊で副長をつとめた山本五十六(やまもといそろく)の像が建ち、隣には予科練出身戦没者約一万九〇〇〇人の霊璽簿を納めた慰霊碑「予科練の碑（予科練二人

像)」を正面に配した記念庭園雄翔園がある。雄翔園中央の芝生は桜の花びらをかたどり、芝生周りの敷石は錨(いかり)を、芝生の中の七つの石は予科練生制服の七つボタンと七つの海を表現したものという。

図43　雄翔館と山本五十六像(2018年撮影)

もう一つは、雄翔館から約二〇〇メートルの場に建つ予科練平和記念館である。同館は、戦争の記憶を若い世代に継承する方法として「予科練に志願した昭和の少年たち」の想いを伝えるという道を選択した阿見町が建設し、二〇一〇年（平成二二）二月に開館した。

館内は、制服の七つボタンをモチーフとした「入隊」「訓練」「心情」「飛翔」「交流」「窮迫」「特攻」の七つの空間から構成された常設展示室と、企画展示や講演会・研修会など交流活動を展開する「二〇世紀ホール」、「情報ラウンジ」などがある。開館以来の入場者は、二〇一八年一〇月で五〇万人にのぼり、熱心に展示を見る世代は六、七〇代が多いという。

予科練特攻隊の記憶は、この二つの記念館を通して今なお継承されている。

筑波隊の記憶

では、筑波（つくば）隊の記憶はどうか。旧筑波海軍航空隊司令部庁舎は、二〇一一年まで、茨城県立友部病院管理棟として使用された。庁舎の前には隊員たちが集まった号令台、敷地の隅には訓練中に亡くなった隊員を弔う供養塔が、現在も残る。

旧司令部庁舎は、県立友部病院が隣接地に県立こころの医療センターとして移転した後に、取り壊しの予定であった。だが、映画「永遠の0（ゼロ）」のロケ地となったことを機に、二〇一三年一二月、筑波海軍航空隊記念館として再整備された。映画の主人公である宮部久蔵が「筑波隊」の掩護と成果確認を任務とする直掩機の搭乗員で、宮部の教え子は石丸と

図44　筑波海軍航空隊記念館（左側の建物が旧司令部庁舎，同記念館提供）

同じ第一四期飛行予備学生という設定であったからである。

しかし、筑波海軍航空隊記念館は、耐震構造など建築基準法を満たしていない建造物であるため、その後の保存・活用の方針は未確定のまま、二〇一八年六月、旧司令部庁舎隣の病院検査棟が展示スペースに改装され、新しい筑波海軍航空隊記念館が誕生した。旧館である旧司令部庁舎の公開（見学）は、現在、制限されている（図44）。

新記念館の特徴は、「特攻の始まり」の地を意識した展示が行われていることである。筑波隊の記憶は、特攻隊の原点と重ね合わせながら継承されている。

万朶隊・桜花隊の記憶

万朶(ばんだ)隊や桜花(おうか)隊の記憶は、予科練特攻隊や筑波隊と比較した時、非常に薄らいでいるように思われる。

万朶隊の記憶を物語るもの――万朶隊の現風景――は、旧美原(みはら)球場の脇に建立された「鉾田(ほこた)陸軍飛行学校顕彰碑」だけである。「我国特攻隊として最初に編成(ママ)された万朶隊」という「建立の記」に気づく人はほとんどいない。

一方、神雷部隊が最初に編制された百里原(ひゃくりはら)海軍航空隊基地は、現在、航空自衛隊百里基地である。基地の誘致を巡り当時の小川町を二分して繰り広げられた一〇年に及ぶ闘争を物語るように、誘導路は成田空港と同様に「くの字型」になっており、基地誘致反対派が基地内に所有する飛び地には平和公園・平和農園・百里稲荷神社がある。基地正門近くの雄飛園に建つ「百里原海軍航空隊ありき」の碑から、この地が航空隊跡地であることがうかがえる。

二〇一〇年三月一一日、茨城空港が、航空自衛隊百里基地の百里飛行場と滑走路を共有する軍民共用空港として開港した。茨城空港にこうした海軍航空隊や特攻隊の歴史が刻まれていることを知る者は、どれくらいいるのだろうか。

また、神雷(じんらい)部隊が移転した神之池(ごうのいけ)海軍基地は、鹿島(かしま)海軍工業地帯に生まれ変わり、神雷

図45　桜花公園内に建つ「桜花」碑
（2019年撮影）

部隊や桜花隊の記憶を留めるものは桜花公園のみである（図45）。
　桜花公園では、「桜花奉賛会」が元桜花隊員らを招いて毎年八月八日に慰霊祭を開き、桜花の犠牲者を二〇年以上にわたり追悼してきた。だが、参列者が一〇〇人を超えた慰霊祭も年々参列者が減り、高齢の会員や遺族に配慮して夏場を避け三月に行った戦後七〇年の慰霊祭には約五〇人が参列したものの、元隊員は姿を見せなかった。二〇一七年夏、一人の参列者も来なかったため、一八年夏の慰霊祭は開催されなかったという。

特攻隊の記憶——特攻隊の現風景——は、さまざまである。だが、特攻隊の記憶は、時間の経過とともに「忘却」される一方、時代のなかで「修正」される。だからこそ特攻隊の記憶を忘れてはならないと思う。「いつか来た道」を再び歩まないためにも。

あとがき

特攻は命じた者は安全で　命じられたる者だけが死ぬ

この短歌の作者は、今年二月に一〇〇歳で死去した歴史学者の直木孝次郎（なおきこうじろう）である。一九四三年九月に京都帝国大学を繰り上げ卒業し、翌一〇月一日に海軍予備学生として土浦（つちうら）海軍航空隊に入隊した直木は、海軍士官として終戦を迎えた戦争への思いを朝日歌壇にたびたび投稿した。右の歌は、二〇一五年の第32回朝日歌壇賞を受賞した作品である。

本書は、空への憧れから飛行兵の道を歩んだ若者が、特攻を「命じられたる者」となる過程を、飛行訓練に励み、短い青春を送った霞ヶ浦（かすみがうら）・筑波山（つくばさん）・北浦（きたうら）・鹿島灘（かしまなだ）という場、言い換えるならば、特攻隊の精神的拠り所（よりどころ）としての〈故郷〉の視点から描いたものである。

本書で描いた特攻隊というテーマとの出会いは、『地域のなかの軍隊』シリーズ（全九巻）のうち関東を扱う、荒川章二編『軍都としての帝都』（第二巻）である。

二〇一三年一一月二八日、国立歴史民俗博物館で行われた執筆者会議で、「茨城の航空・特攻拠点化」（仮題）というテーマで執筆依頼を受けていた私は、「航空特攻隊といえば知覧（ちらん）や鹿屋（かのや）など九州を思い浮かべるが、特攻隊員にとっての故郷は、特攻隊として飛び立つまでの期間を過ごした地よりも、飛行訓練をした霞ヶ浦や筑波山ではないだろうか」と話し始めた。この第一声が、シリーズを担当された吉川弘文館編集部の斎藤信子さんの心に残ったようで、執筆者会議の翌日、「『地域のなかの軍隊』シリーズの一論考としてだけでなく、『歴史文化ライブラリー』などの著書としてまとめることもお考えいただきたい」という内容のお電話をいただいた。

二〇一四年五月、『予科練生・特攻隊員の故郷—訓練の地　霞ヶ浦と筑波山』という書名案で正式な執筆依頼を受けた私は、まず、航空特攻隊が飛び立った地にある知覧特攻平和会館・鹿屋航空基地史料館・万世（ばんせい）特攻平和祈念館を久しぶりに訪問した。

知覧特攻平和会館では、広大な駐車場に並ぶ九州や本州の観光バス、ツアーで訪れたと思われる観光客や、社会科見学で来館した数多くの小学生の姿を目にした。また、鹿屋航空基地史料館には、自衛隊広報官の解説を受けながら展示室をめぐる団体がいた。一方、さつま市（旧加世田市）にある万世特攻平和祈念館には、知覧や鹿屋とは対照的に、容易に観光客を寄せつけないような静謐さが漂っていた。

続いて、飛行訓練の場である霞ヶ浦湖畔や筑波山を仰ぐ旧霞ヶ浦・土浦・筑波・百里原・谷田部海軍航空基地跡地や旧西筑波陸軍飛行場跡地にも改めて足を運んだ。

陸上自衛隊土浦駐屯地内にある雄翔館の見学者はまばらであったが、二〇一〇年二月に開館した阿見町の予科練平和記念館は観光バスで多くの団体が訪れていた。取り壊しの予定であった旧筑波海軍航空隊司令部庁舎は、二〇一三年一二月に公開された映画「永遠の0」の舞台・ロケ地となったこともあり、筑波海軍航空隊記念館として再整備され、おりからの「永遠の0」ブームで駐車場は茨城県外のナンバープレートの車で満車状態であった。また、百里原には、航空自衛隊百里基地に隣接して二〇一〇年三月一一日に開港した茨城空港から飛び立つ飛行機の姿があった。

こうしたなか私は、北浦や鹿島灘を望む地で飛行訓練を受け、やがて航空特攻隊を送り出した旧鉾田陸軍飛行場跡地や、旧神之池海軍航空基地跡地である桜花公園にも久しぶりに足を運んだ。

現在、この地に残る特攻隊の記憶は、鉾田陸軍飛行学校顕彰碑と桜花碑だけである。そうした特攻隊の「現風景」を目にしたとき、当初構想にはなかった「万朶隊」や「桜花隊」についても、本書で記述したいという気持ちが強まった。

本書の構想が固まると、特攻隊に関する研究書や論考を読み直した。

特攻隊は、どのような時代状況のなかで生まれたのか。特攻兵器と特攻作戦との採用を誰が決定し、どこが推進し、命令したのか。特攻は志願か、それとも強制か。特攻隊員は、いつどこから出撃し、どこで「散華」したのか。特攻隊の体験や記憶をもつ世代による、現在では古典的ともいうべき研究書には、こうした視点で描かれたものが多かった。

一方、特攻隊や太平洋戦争そのものを直接体験しない世代の研究には、特攻隊員の死は、祖国を守った「崇高な犠牲」か、それとも「統率の外道」で犠牲となった「犬死に」だったのか。特攻隊は「誇るべき」存在か、それとも「批判すべき」存在かなど、ナショナリズムと結びつけながら「歴史としての特攻隊」を論じるものが多かった。

本書は、こうした「特攻研究」の難しさを常に痛感しながら、予科練生や飛行予備学生が残した手記・日記・手紙などを資料に、特攻隊の原像を描くことを試みたものである。

本書の執筆において、神栖(かみす)市歴史民俗資料館・常陽藝文センター・筑波海軍航空隊記念館・土浦市立博物館・雄翔館・予科練平和記念館などに大変お世話になった。感謝申し上げる。また、このような貴重な機会を与え、原稿執筆を支援して下さった斎藤信子さんと編集業務でお世話になった伊藤俊之さんにも深謝申し上げる。

本書の巻末に「関連施設・慰霊碑」のリストを掲載した。特攻隊の〈故郷〉に足を運び、特攻隊の「原風景」を想起し、特攻隊の「現風景」を確かめていただきたいと思う。

二〇一九年（令和元）五月

伊藤純郎

主要参考文献

阿見町編『阿見と予科練―そして人々のものがたり―』(阿見町、二〇〇二年)

阿見町編『続・阿見と予科練―そして人々のものがたり―』(阿見町、二〇一〇年)

阿見町編『海軍航空隊ものがたり―予科練平和記念館開館四周年記念特集―』(阿見町、二〇一四年)

市川　彰「土浦の発展と予科練」(茨城地方史研究会編『茨城の歴史』県南・鹿行編、茨城新聞社、二〇〇二年)

伊藤純郎編『フィールドワーク茨城県の戦争遺跡―学び・調べ・考えよう―』(平和文化、二〇〇八年)

伊藤純郎「筑波山とアジア・太平洋戦争」(前川啓治編『筑波山から学ぶ―「とき」を想像・創造する―』筑波大学出版会、二〇一五年)

伊藤純郎「予科練と特攻隊の原風景―霞ケ浦・筑波山―」(荒川章二編『地域のなかの軍隊』2・軍都としての帝都・関東、吉川弘文館、二〇一五年)

猪口力平・中島正『神風特別攻撃隊』(河出書房、一九六七年)

岩田敏男「中央滑降訓練所のこと」(石岡郷土史研究会編『石岡郷土誌』第四号、一九八二年)

牛島秀彦『消えた春―特攻に散った投手石丸進一―』(時事通信社、一九八一年)

海軍神雷部隊戦友会編『海軍神雷部隊―最初の航空特別攻撃隊―』(非売品、一九九六年)

海軍飛行予備学生第十四期会編『あゝ同期の桜―かえらざる青春の手記―』(光人社、一九九五年)

海軍飛行予備学生第十四期会編『続・あゝ同期の桜』（光人社、一九九五年）
陰山慶一『海軍飛行科予備学生よもやま物語』（光人社、一九八七年）
加藤　浩『神雷部隊始末記―人間爆弾「桜花」特攻全記録―』（学研パブリッシング、二〇〇九年）
神栖町教育委員会・神栖町歴史民俗資料館編『文化財かみす』第一九集（一九九五年）
木下洋春「紆曲の六十年―満蒙開拓・美原開拓―」（鉾田町史編さん委員会編『鉾田町史研究　七瀬』第三号、一九九三年）
倉田耕一『土門拳が封印した写真―鬼才と予科練生の知られざる交流―』（新人物往来社、二〇一〇年）
栗原俊雄『特攻―戦争と日本人―』（『中公新書』二三三七、中央公論新社、二〇一五年）
甲飛十期会編『散る桜　残る桜―甲飛十期の記録―』（非売品、一九七二年）
古関裕而『鐘よ鳴り響け』（日本図書センター、一九九七年）
小林察編『竹内浩三全集』2・筑波日記（新評論、一九八四年）
佐藤和賀子「陸軍特別攻撃隊万朶隊長岩本益臣夫人岩本和子さんを訪ねて」（鉾田町史編さん委員会編『鉾田町史研究　七瀬』第一号、一九九一年）
少飛会歴史編纂委員会編『陸軍少年飛行兵史』限定版（少飛会、一九八三年）
常陽藝文編集部編『常陽藝文』第二九〇号（常陽藝文センター、二〇〇七年七月）・第三〇三号（同、二〇〇八年八月）・第三二五号（同、〇九年八月）・第三八五号（同、一五年八月）
高塚　篤『予科練特攻秘話―黯い春―』（原書房、一九八〇年）
高野文男「神之池海軍航空基地顛末記」（鹿島町文化財愛護協会編『鹿島史叢』第二〇号、一九九四年）

田中賢一『あゝ純白の花負いて―陸軍落下傘部隊戦記―』（学陽書房、一九七二年）
土居良三編『学徒特攻その生と死―海軍第十四期飛行予備学生の手記―』（図書刊行会、二〇〇四年）
特攻隊戦没者慰霊顕彰会編『森丘哲四郎手記―海軍特別攻撃隊第５七生隊―』（非売品、二〇一五年）
特攻隊戦没者慰霊平和祈念協会編『特別攻撃隊全史』（非売品、二〇〇八年）
友部町教育委員会生涯学習課編『筑波海軍航空隊―青春の証―』（友部町教育委員会、二〇〇〇年）
中井利亮「筑波日記について」（『伊勢文学』第八号、一九四七年）
中井利亮「『愚の旗』あとがき」（小林察編『竹内浩三全集』２・筑波日記、新評論、一九八四年）
日本経済新聞社編『私の履歴書』文化人２（日本経済新聞社、一九八三年）
東敏雄編『百里原農民の昭和史―茨城百里の人びと―』（『日本民衆の歴史』地域編五、三省堂、一九八四年）
廣岡写真館編『霞空十年史』（非売品、一九三二年）
文藝春秋編『人間爆弾と呼ばれて―証言・桜花特攻―』（文藝春秋、二〇〇五年）
水沢　光『軍用機の誕生―日本軍の航空戦略と技術開発―』（『歴史文化ライブラリー』四四五、吉川弘文館、二〇一七年）
森　史朗『敷島隊の五人―海軍大尉関行男の生涯―』（『文春文庫』、文藝春秋、二〇〇三年）
渡辺洋二『戦雲の果てで―語られざる人と飛行機―』（潮書房光人社、二〇一二年）
渡辺洋二『必死攻撃の残像―特攻隊員がすごした制限時間―』（潮書房光人新社、二〇一八年）

関連施設・慰霊碑

茨城県

神栖市歴史民俗資料館
所在地■神栖市大野原四―八―五
電話番号■〇二九九―九〇―一二三四
交通アクセス■ＪＲ鹿島線「鹿島神宮駅」から関東鉄道バス「鹿島セントラルホテル」下車

常陽藝文センター
所在地■水戸市三の丸一―五―一八　常陽郷土会館内
電話番号■〇二九―二三一―六六一一
交通アクセス■ＪＲ常磐線・水戸線・水郡線・鹿島臨海鉄道大洗鹿島線「水戸駅」下車

筑波海軍航空隊記念館
所在地■笠間市旭町六五四　県立こころの医療センター内
電話番号■〇二九六―七三―五七七七
交通アクセス■ＪＲ常磐線・水戸線「友部駅」から茨城交通バス「県立こころの医療センター」下車

土浦市立博物館
所在地■土浦市中央一―一五―一八

電話番号■〇二九―八二四―二九二八
交通アクセス■JR常磐線「土浦駅」から関東鉄道バス・JRバス「亀城公園前」下車

雄翔館・雄翔園
所在地■稲敷郡阿見町青宿一二一―一　陸上自衛隊土浦駐屯地内
電話番号■〇二九―八八七―一一七一（陸上自衛隊土浦駐屯地武器学校）
交通アクセス■JR常磐線「土浦駅」から関東鉄道バス・JRバス「武器学校前」下車

予科練平和記念館
所在地■稲敷郡阿見町廻戸五―一
電話番号■〇二九―八九一―三三四四
交通アクセス■JR常磐線「土浦駅」から関東鉄道バス「阿見坂下」下車、JRバス「阿見」下車

桜花碑
所在地■鹿嶋市光三　新日鉄住金鹿島製鉄所内桜花公園
交通アクセス■JR鹿島線「鹿島神宮駅」下車

筑波海軍航空隊慰霊碑
所在地■笠間市旭町六五四　県立こころの医療センター内
交通アクセス■JR常磐線・水戸線「友部駅」から茨城交通バス「県立こころの医療センター」下車

百里原海軍航空隊ありきの碑

所在地■小美玉市百里一七〇　航空自衛隊百里基地内雄飛園
電話番号■〇二九九—五二—一三三一（航空自衛隊百里基地）
交通アクセス■ＪＲ常磐線「石岡駅」から関東グリーンバス「百里基地」下車

鉾田陸軍飛行学校顕彰碑
所在地■鉾田市台濁沢　鉾田陸軍飛行学校門衛所跡
交通アクセス■鹿島臨海鉄道大洗鹿島線「新鉾田駅」下車

陸軍挺進滑飛行第一戦隊（グライダー部隊）発祥之地記念碑
所在地■つくば市作岡一七三七—一　つくば市立作岡保育所内
交通アクセス■関東鉄道常総線「下妻駅」下車

東京都

鎮魂の碑
所在地■文京区後楽一—三—六一　東京ドーム二一番ゲート前
電話番号■〇三—三八一一—三六〇〇（野球殿堂博物館）
交通アクセス■ＪＲ総武線・都営地下鉄三田線「水道橋駅」下車、東京メトロ丸ノ内線・南北線「後楽園駅」下車、都営地下鉄大江戸線「春日駅」下車

三重県

本居宣長記念館
所在地■松阪市殿町一五三六―七
電話番号■〇五九八―二一―〇三一二
交通アクセス■JR紀勢本線・名松線・近鉄山田線「松阪駅」下車

鹿児島県

鹿屋航空基地史料館
所在地■鹿屋市西原三―一一―二
電話番号■〇九九四―四二―〇二三三
交通アクセス■「鹿屋バスセンター」から鹿児島交通バス「航空隊前」下車

知覧特攻平和会館
所在地■南九州市知覧町郡一七八八一
電話番号■〇九九三―八三―二五二五
交通アクセス■JR指宿枕崎線「平川駅」「喜入駅」から鹿児島交通バス「特攻観音入口」下車

万世特攻平和祈念館
所在地■南さつま市加世田高橋一九五五―三
電話番号■〇九九三―五二―三九七九
交通アクセス■「加世田」から鹿児島交通バス「海浜温泉前」下車

著者紹介

一九五七年、長野県に生まれる
一九八一年、筑波大学第一学群人文学類卒業
現在、筑波大学人文社会系歴史・人類学専攻長・教授　博士（文学）

主要編著書

『柳田国男と信州地方史―「白足袋史学」と「わらじ史学」―』（刀水書房、二〇〇四年）
『増補　郷土教育運動の研究』（思文閣出版、二〇〇八年）
『破壊と再生の歴史・人類学―自然・災害・戦争の記憶から学ぶ―』（編著、筑波大学出版会、二〇一六年）
『満州分村の神話　大日向村は、こう描かれた』（信濃毎日新聞社、二〇一八年）

歴史文化ライブラリー
485

特攻隊の〈故郷〉
霞ヶ浦・筑波山・北浦・鹿島灘

二〇一九年（令和元）七月一日　第一刷発行

著　者　伊藤純郎（いとうじゅんろう）

発行者　吉川道郎

発行所　株式会社 吉川弘文館
東京都文京区本郷七丁目二番八号
郵便番号一一三―〇〇三三
電話〇三―三八一三―九一五一〈代表〉
振替口座〇〇一〇〇―五―二四四
http://www.yoshikawa-k.co.jp/

印刷＝株式会社 平文社
製本＝ナショナル製本協同組合
装幀＝清水良洋・高橋奈々

ISBN978-4-642-05885-8

歴史文化ライブラリー

1996. 10

刊行のことば

現今の日本および国際社会は、さまざまな面で大変動の時代を迎えておりますが、近づきつつある二十一世紀は人類史の到達点として、物質的な繁栄のみならず文化や自然・社会環境を謳歌できる平和な社会でなければなりません。しかしながら高度成長・技術革新にともなう急激な変貌は「自己本位な刹那主義」の風潮を生みだし、先人が築いてきた歴史や文化に学ぶ余裕もなく、いまだ明るい人類の将来が展望できていないようにも見えます。このような状況を踏まえ、よりよい二十一世紀社会を築くために、人類誕生から現在に至る「人類の遺産・教訓」としてのあらゆる分野の歴史と文化を「歴史文化ライブラリー」として刊行することといたしました。

小社は、安政四年（一八五七）の創業以来、一貫して歴史学を中心とした専門出版社として書籍を刊行しつづけてまいりました。その経験を生かし、学問成果にもとづいた本叢書を刊行し社会的要請に応えて行きたいと考えております。

現代は、マスメディアが発達した高度情報化社会といわれますが、私どもはあくまでも活字を主体とした出版こそ、ものの本質を考える基礎と信じ、本叢書をとおして社会に訴えてまいりたいと思います。これから生まれでる一冊一冊が、それぞれの読者を知的冒険の旅へと誘い、希望に満ちた人類の未来を構築する糧となれば幸いです。

吉川弘文館

歴史文化ライブラリー

近・現代史

歴史文化ライブラリー

自由主義は戦争を止められるのか 芦田均・清沢洌・石橋湛山 ― 上田美和
モダン・ライフと戦争 スクリーンのなかの女性たち ― 宜野座菜央見
彫刻と戦争の近代 ― 平瀬礼太
軍用機の誕生 日本軍の航空戦略と技術開発 ― 水沢　光
首都防空網と〈空都〉多摩 ― 鈴木芳行
帝都防衛 戦争・災害・テロ ― 土田宏成
陸軍登戸研究所と謀略戦 科学者たちの戦争 ― 渡辺賢二
帝国日本の技術者たち ― 沢井　実
〈いのち〉をめぐる近代史 堕胎から人工妊娠中絶へ ― 岩田重則
強制された健康 日本ファシズム下の生命と身体 ― 藤野　豊
戦争とハンセン病 ― 藤野　豊
「自由の国」の報道統制 大戦下の日系ジャーナリズム ― 水野剛也
海外戦没者の戦後史 遺骨帰還と慰霊 ― 浜井和史
学徒出陣 戦争と青春 ― 蜷川壽惠
特攻隊の〈故郷〉 霞ヶ浦・筑波山・北浦・鹿島灘 ― 伊藤純郎
沖縄戦　強制された「集団自決」 ― 林　博史
陸軍中野学校と沖縄戦 知られざる少年兵「護郷隊」 ― 川満　彰
沖縄からの本土爆撃 米軍出撃基地の誕生 ― 林　博史
原爆ドーム 物産陳列館から広島平和記念碑へ ― 頴原澄子
米軍基地の歴史 世界ネットワークの形成と展開 ― 林　博史
沖縄　占領下を生き抜く 軍用地・通貨・毒ガス ― 川平成雄
考証　東京裁判 戦争と戦後を読み解く ― 宇田川幸大
昭和天皇退位論のゆくえ ― 冨永　望
ふたつの憲法と日本人 戦前・戦後の憲法観 ― 川口暁弘
鯨を生きる 鯨人の個人史・鯨食の同時代史 ― 赤嶺　淳
文化財報道と新聞記者 ― 中村俊介

文化史・誌

落書きに歴史をよむ ― 三上喜孝
霊場の思想 ― 佐藤弘夫
跋扈（ばっこ）する怨霊 祟りと鎮魂の日本史 ― 山田雄司
将門伝説の歴史 ― 樋口州男
藤原鎌足、時空をかける 変身と再生の日本史 ― 黒田　智
変貌する清盛 『平家物語』を書きかえる ― 樋口大祐
空海の文字とことば ― 岸田知子
日本禅宗の伝説と歴史 ― 中尾良信
水墨画にあそぶ 禅僧たちの風雅 ― 高橋範子
観音浄土に船出した人びと 熊野と補陀落渡海 ― 根井　浄
殺生と往生のあいだ 中世仏教と民衆生活 ― 苅米一志
浦島太郎の日本史 ― 三舟隆之
〈ものまね〉の歴史 仏教・笑い・芸能 ― 石井公成

歴史文化ライブラリー

戒名のはなし——藤井正雄
墓と葬送のゆくえ——森　謙二
運　慶その人と芸術——副島弘道
ほとけを造った人びと止利仏師から運慶・快慶まで——根立研介
祇園祭祝祭の京都——川嶋將生
洛中洛外図屏風つくられた〈京都〉を読み解く——小島道裕
化粧の日本史美意識の移りかわり——山村博美
乱舞の中世白拍子・乱拍子・猿楽——沖本幸子
神社の本殿建築にみる神の空間——三浦正幸
古建築を復元する過去と現在の架け橋——海野　聡
大工道具の文明史日本・中国・ヨーロッパの建築技術——渡邉　晶
苗字と名前の歴史——坂田　聡
日本人の姓・苗字・名前人名に刻まれた歴史——大藤　修
数え方の日本史——三保忠夫
大相撲行司の世界——根間弘海
日本料理の歴史——熊倉功夫
吉兆　湯木貞一料理の道——末廣幸代
日本の味　醤油の歴史——林　玲子・天野雅敏編
中世の喫茶文化儀礼の茶から「茶の湯」へ——橋本素子
天皇の音楽史古代・中世の帝王学——豊永聡美
流行歌の誕生「カチューシャの唄」とその時代——永嶺重敏
話し言葉の日本史——野村剛史
「国語」という呪縛国語から日本語へ、そして○○語へ——川口　良・角田史幸
柳宗悦と民藝の現在——松井　健
遊牧という文化移動の生活戦略——松井　健
マザーグースと日本人——鷲津名都江
たたら製鉄の歴史——角田徳幸
金属が語る日本史銭貨・日本刀・鉄炮——齋藤　努
書物と権力中世文化の政治学——前田雅之
書物に魅せられた英国人フランク・ホーレーと日本文化——横山　學
災害復興の日本史——安田政彦

民俗学・人類学

日本人の誕生人類はるかなる旅——埴原和郎
倭人への道人骨の謎を追って——中橋孝博
神々の原像祭祀の小宇宙——新谷尚紀
役行者と修験道の歴史——宮家　準
幽霊　近世都市が生み出した化物——髙岡弘幸
雑穀を旅する——増田昭子
川は誰のものか人と環境の民俗学——菅　豊
名づけの民俗学地名・人名はどう命名されてきたか——田中宣一

歴史文化ライブラリー

歴史文化ライブラリー

鎌倉北条氏の興亡——奥富敬之
三浦一族の中世——高橋秀樹
都市鎌倉の中世史 吾妻鏡の舞台と主役たち——秋山哲雄
弓矢と刀剣 中世合戦の実像——近藤好和
その後の東国武士団 源平合戦以後——関 幸彦
荒ぶるスサノヲ、七変化 〈中世神話〉の世界——斎藤英喜
曽我物語の史実と虚構——坂井孝一
親 鸞——平松令三
親鸞と歎異抄——今井雅晴
畜生・餓鬼・地獄の中世仏教史 因果応報と悪道——生駒哲郎
神や仏に出会う時 中世びとの信仰と絆——大喜直彦
神風の武士像 蒙古合戦の真実——関 幸彦
鎌倉幕府の滅亡——細川重男
足利尊氏と直義 京の夢、鎌倉の夢——峰岸純夫
高 師直 室町新秩序の創造者——亀田俊和
新田一族の中世 「武家の棟梁」への道——田中大喜
皇位継承の中世史 血統をめぐる政治と内乱——佐伯智広
地獄を二度も見た天皇 光厳院——飯倉晴武
東国の南北朝動乱 北畠親房と国人——伊藤喜良
南朝の真実 忠臣という幻想——亀田俊和
中世の巨大地震——矢田俊文
大飢饉、室町社会を襲う!——清水克行
贈答と宴会の中世——盛本昌広
出雲の中世 地域と国家のはざま——佐伯徳哉
山城国一揆と戦国社会——川岡 勉
中世武士の城——齋藤慎一
戦国の城の一生 つくる・壊す・蘇る——竹井英文
武田信玄——平山 優
徳川家康と武田氏 信玄・勝頼との十四年戦争——本多隆成
戦国大名の兵粮事情——久保健一郎
戦乱の中の情報伝達 使者がつなぐ中世京都と在地——酒井紀美
戦国時代の足利将軍——山田康弘
室町将軍の御台所 日野康子・重子・富子——田端泰子
名前と権力の中世史 室町将軍の朝廷戦略——水野智之
戦国貴族の生き残り戦略——岡野友彦
鉄砲と戦国合戦——宇田川武久
検証 長篠合戦——平山 優
織田信長と戦国の村 天下統一のための近江支配——深谷幸治
検証 本能寺の変——谷口克広
加藤清正 朝鮮侵略の実像——北島万次

歴史文化ライブラリー

落日の豊臣政権 秀吉の憂鬱、不穏な京都——河内将芳
豊臣秀頼——福田千鶴
偽りの外交使節 室町時代の日朝関係——橋本 雄
朝鮮人のみた中世日本——関 周一
ザビエルの同伴者 アンジロー 戦国時代の国際人——岸野 久
海賊たちの中世——金谷匡人
アジアのなかの戦国大名 西国の群雄と経営戦略——鹿毛敏夫
琉球王国と戦国大名 島津侵入までの半世紀——黒嶋 敏
天下統一とシルバーラッシュ 銀と戦国の流通革命——本多博之

近世史

細川忠利 ポスト戦国世代の国づくり——稲葉継陽
江戸の政権交代と武家屋敷——岩本 馨
江戸の町奉行——南 和男
江戸御留守居役 近世の外交官——笠谷和比古
検証 島原天草一揆——大橋幸泰
大名行列を解剖する 江戸の人材派遣——根岸茂夫
江戸大名の本家と分家——野口朋隆
〈甲賀忍者〉の実像——藤田和敏
江戸の武家名鑑 武鑑と出版競争——藤實久美子
江戸の出版統制 弾圧に翻弄された戯作者たち——佐藤至子
武士という身分 城下町萩の大名家臣団——森下 徹
旗本・御家人の就職事情——山本英貴
武士の奉公 本音と建前 江戸時代の出世と処世術——高野信治
宮中のシェフ、鶴をさばく 江戸時代の朝廷と庖丁道——西村慎太郎
馬と人の江戸時代——兼平賢治
犬と鷹の江戸時代 〈犬公方〉綱吉と〈鷹将軍〉吉宗——根崎光男
紀州藩主 徳川吉宗 明君伝説・宝永地震・隠密御用——藤本清二郎
近世の巨大地震——矢田俊文
江戸時代の孝行者 「孝義録」の世界——菅野則子
死者のはたらきと江戸時代 遺訓・家訓・辞世——深谷克己
近世の百姓世界——白川部達夫
闘いを記憶する百姓たち 江戸時代の裁判学習帳——八鍬友広
江戸の寺社めぐり 鎌倉・江ノ島・お伊勢さん——原 淳一郎
江戸のパスポート 旅の不安はどう解消されたか——柴田 純
〈身売り〉の日本史 人身売買から年季奉公へ——下重 清
江戸の捨て子たち その肖像——沢山美果子
江戸の乳と子ども いのちをつなぐ——沢山美果子
エトロフ島 つくられた国境——菊池勇夫
江戸時代の医師修業 学問・学統・遊学——海原 亮
江戸の流行り病 麻疹騒動はなぜ起こったのか——鈴木則子

歴史文化ライブラリー